遥感原理与图像处理实验教程

主　编　鲁志强　王蕴慧　孟祥妹
副主编　赵振东　刘治洋　韩志芳　张　健
　　　　王聪颖　刘　勇　季银萍

哈尔滨工业大学出版社

内 容 简 介

本书共分为四个项目,共十八个任务。项目一介绍遥感的基本概念、遥感的类型与特点、遥感过程与遥感技术系统、电磁波与辐射、遥感地物波谱、辐射传输基础等;项目二介绍遥感平台的种类、遥感平台的姿态、卫星的轨道、主要遥感卫星简介等;项目三介绍遥感数据、遥感图像、图像基础、辐射校正、几何纠正、图像增强、遥感图像的目视解译原理、遥感图像的解译标志、遥感图像的目视解译方法与过程、不同类型遥感影像目视解译、遥感图像的计算机分类、非监督分类、监督分类、非监督分类与监督分类方法比较、分类后处理和误差分析等;项目四介绍 ERDAS IMAGINE 主要菜单命令及其功能、遥感图像认知实验、遥感图像输入/输出、遥感图像增强、遥感图像融合、遥感影像预处理、遥感影像分类、三维景观制图、子象元分类、空间建模工具的综合实验等。

本书可作为高职高专院校地理科学类、测绘类、自然保护与环境生态类、地质类、林学类专业以及水利、农业、资源类等相关专业学生的教材,也可作为从事遥感、地理信息科学教学、科研和生产技术人员的参考书。

图书在版编目(CIP)数据

遥感原理与图像处理实验教程/鲁志强,王蕴慧,孟祥妹主编. —哈尔滨:哈尔滨工业大学出版社,2020.1
ISBN 978-7-5603-8709-3

Ⅰ.①遥… Ⅱ.①鲁… ②王… ③孟… Ⅲ.①遥感技术—实验—教材②遥感图象—图象处理—实验—教材
Ⅳ.①TP7-33

中国版本图书馆 CIP 数据核字(2020)第 025485 号

策划编辑　杨秀华
责任编辑　周一瞳
封面设计　刘长友
出版发行　哈尔滨工业大学出版社
社　　址　哈尔滨市南岗区复华四道街 10 号　邮编 150006
传　　真　0451—86414749
网　　址　http://hitpress.hit.edu.cn
印　　刷　哈尔滨市工大节能印刷厂
开　　本　787mm×1092mm　1/16　印张 14.25　字数 335 千字
版　　次　2020 年 1 月第 1 版　2020 年 1 月第 1 次印刷
书　　号　ISBN 978-7-5603-8709-3
定　　价　38.00 元

前　言

    遥感技术在国民经济与社会发展中发挥着越来越重要的作用,尤其是近年来随着无人机技术和传感器技术的快速发展,遥感技术应用更加快速地发展,日益为人们所重视,各高校也纷纷开设遥感技术类课程以满足社会对遥感日益增长的需要,所开设专业涉及地理、地质、土地、林业、农业、环境、海洋、矿业、测绘、军事等。现在,遥感已经成为这些领域的必修课和主干课。

    高职高专类院校近年来也开设了遥感技术类课程,鉴于高职高专职业教育院校重操作、少理论、培养技能型人才的高职特色,我们编写了具有学徒制特色的教材,通过与辽宁宏图创展测绘勘察有限公司企业管理人员和企业一线工作人员共同研讨,明确了遥感影像处理岗位所需的职业技能,确定了课程的设计思路为:以遥感影像处理岗位所需职业技能为主导,还原企业真实工作情境,通过完成每一个工作情境中典型的工作任务,综合训练学生遥感图像增强、遥感图像融合、遥感图像预处理等技能。

    本书在编写过程中充分考虑了高职高专职业教育教学特点,重在培养学生的技能需要,在内容上侧重于遥感基本原理和方法的介绍,使学生在掌握基本知识的基础上进一步了解遥感技术的应用,在实践上通过 ERDAS 遥感图像处理实训使学生具备遥感图像增强作业、遥感图像融合作业、遥感图像预处理作业等专业遥感图像处理作业的能力,提升专业综合素质。

    本书具有以下特点。

    (1)在章节上采用项目式。全书共分为四个项目:项目一为遥感基础;项目二为遥感技术系统;项目三为遥感图像处理、解译与计算机分类;项目四为 ERDAS 遥感影像处理基础实验。

    (2)在高职院校中,从学校办学条件和学生就业去向两方面考虑,教学手段多以够用、实用为主,教学内容主要是使学生毕业后能快速融入社会大量需要的实践性工作岗位,所以在偏理论的项目一、项目二、项目三的内容编写上,对遥感理论知识只做了简要介绍,对于其中的烦琐推导计算内容进行了删减,旨在使学生理解遥感原理的基本内容,为下一步进行遥感图像处理实践做好铺垫。

    (3)项目四为 ERDAS 遥感影像处理基础实验,为本书重点实践内容,以 ERDAS 软件为基础,选取遥感图像处理与解译的基础实验作为项目任务,使得初步接触遥感的学生能够在简单易学易操作的基础上进行遥感图像处理与解译的实践,为接下来开设的相关后续课程打下基础。

    总之,本书的特色是将遥感原理与 ERDAS 遥感图像处理有机结合,培养学生一定的专业遥感知识与遥感影像处理能力。

    本书由黑龙江林业职业技术学院鲁志强、王蕴慧、孟祥妹担任主编;黑龙江林业职业技术学院赵振东、刘治洋、韩志芳、张健,黑龙江交通职业技术学院王聪颖,牡丹江大学刘勇,辽宁宏图创展测绘勘察有限公司季银萍担任副主编。具体编写分工为:鲁志强编写项目一和项目四中的任务三,王蕴慧编写项目二和项目三中的任务一,孟祥妹编写项目三中的任务二、任务四和项目四中的任务六,赵振东编写项目三中的任务三和项目四中的任务七,刘治洋编写项目四中的任务二、任务五,韩志芳编写项目四中的任务九,张健编写项目四中的任务十,王聪颖编写项目四中的任务四,刘勇编写项目四中的任务八,季银萍编写项目四中的任务一。

由于编者水平有限,书中难免有不妥之处,恳请读者批评指正,以便不断修正完善。

编 者

2019 年 5 月

目　　录

项目一　遥感基础

任务一　遥感技术简介

遥感技术是 20 世纪 60 年代兴起并迅速发展起来的一门综合性探测技术,它是建立在现代物理学(光学、红外线技术、微波技术、激光技术、全息技术等)、空间技术、计算机技术以及数学方法和地学规律基础之上的一门新兴科学技术。遥感的功能价值引起了许多学科和部门的重视,特别是在资源勘察、环境管理、全球变化、动态监测等方面获得了越来越广泛的应用,极大地扩展了人们的观测视野及研究领域,形成了对地球资源和环境进行探测和监测的立体观测体系,揭示了地球表面各要素的空间分布特征与时空变化规律,并成为信息科学的重要组成部分。

一、遥感的基本概念

遥感(remote sensing,RS),顾名思义,遥远的感知,泛指一切无接触的远距离探测。遥感在不同的学科有着不同的定义。根据全国科学技术名词审定委员会对遥感的定义,在测绘学中,遥感被定义为不接触物体本身,用传感器收集目标物的电磁波信息,经处理、分析后,识别目标物,揭示其几何、物理性质和相互关系及其变化规律的现代科学技术;在地理学中,遥感被定义为非接触的、远距离的探测技术,一般指运用传感器对物体的电磁波的辐射、反射特性的探测,并根据其特性对物体的性质、特征和状态进行分析的理论、方法和应用的科学技术。尽管遥感的定义种类较多,但是目前国内广泛采用的定义为:遥感是在远离探测目标处,使用一定的空间运载工具和电子、光学仪器,接收并记录目标的电磁波特性,通过对电磁波特性进行传输、加工、分析和识别处理,揭示出物体的特征性质及其变化的综合性探测技术。

从定义来看,遥感有广义和狭义之分。

(一) 广义的遥感

广义的遥感是指各种非直接接触、远距离探测目标的技术,往往通过间接手段来获取目标状态信息。例如,遥感主要根据物体对电磁波的反射和辐射特性对目标进行信息采集,包括利用声波、电磁场和地震波等。但在实际工作中,只有电磁波探测属于遥感范畴。

大不列颠百科全书对遥感的定义为:不直接接触物体本身,从远处通过探测仪器接收来自目标物体的信息(电场、磁场、电磁波、地震波),经过一定的传输和处理分析,以识别目标物体的属性及其分布等特征的技术。遥感不仅可以将地球的大气圈、生物圈、水圈、岩石圈作为观察对象,还可以扩大到地球以外的外层空间。

(二) 狭义的遥感

狭义的遥感是指利用安装在遥感平台(remote sensing platform)上的可见光、红外线、微波等各种传感器(remote sensor),通过摄影、扫描等方式,从高空或远距离甚至外层空间接收来自地球表层或地表以下一定深度各类地物发射或反射的电磁波信息,并对这些信息进行加工处理,进而识别出地表物体的性质和运动状态。

遥感技术的基础是电磁波,并由此判读和分析地物目标和现象。因此,从电磁波的角度看,狭义的遥感还可以看作是一种通过利用和研究物体所反射或辐射电磁波的固有特性识别物体及其环境的技术。

二、遥感的类型与特点

(一)遥感的类型

因为遥感技术应用领域广、涉及学科多、不同领域的研究人员所持立场不同,所以对遥感的分类方法也不同,但总的来讲主要有以下几种分类方式。

1.根据遥感平台分类

遥感平台是指搭载传感器的工具,主要包括人造地球卫星、航天飞机、无线电遥控飞机、气球、地面观测站等。常见的遥感平台及高度和使用目的见表1.1。根据传感器的运载工具和遥感平台的不同,遥感可以分为地面遥感、航空遥感、航天遥感和航宇遥感。

表1.1　常见的遥感平台及高度和使用目的

遥感平台	高度	目的、用途	其他
精致轨道卫星	36 000 km	定点地球观测	气象卫星(FY－2、GMS等)
圆轨道(地球观测)卫星	500～1 000 km	定期地球观测	Landsat、SPOT、MOS等
航天飞机	240～350 km	不定期地球观测空间实验	
超高度喷气飞机	10～12 km	侦查、大范围调查	
中低高度飞机	500～8 000 m	各种调查、航空摄影测量	
无线电遥控飞机	500 m以下	各种调查、摄影测量	飞机、直升机
气球	800 m以下	各种调查	
吊车	5～50 m	地面实况调查	
地面测量车	0～30 m	地面实况调查	车载升降台

(1)地面遥感。将传感器设置在地面平台之上。常用的遥感平台有车载、船载、手提、固定和高架的活动平台,包括汽车、舰船、高塔、三脚架等。地面遥感是遥感的基础阶段。

(2)航空遥感。将传感器设置在飞机、飞艇、气球上面,从空中对地面目标进行遥感。主要遥感平台包括飞机、气球等。

(3)航天遥感。将传感器设置在人造地球卫星、宇宙飞船、航天飞机、空间站、火箭上面,从外层空间对地物目标进行遥感。航天遥感和航空遥感一起构成了目前遥感技术的主体。

(4)航宇遥感。将星际飞船作为传感器的运载工具,从外太空对地月系统之外的目标进行遥感探测。主要遥感平台包括星际飞船等。

2.根据传感器的探测波段分类

根据传感器所接收的电磁波谱(也称光谱)不同,可以分为以下五种。

(1)紫外遥感。探测波段在$0.05～0.38\ \mu m$,主要集中探测目标地物的紫外辐射能量,目前对其研究较少。

（2）可见光遥感。探测波段在 $0.38 \sim 0.76 \ \mu m$，主要收集和记录目标地物反射的可见光辐射能量。常用的传感器主要有扫描仪、摄影机、摄像仪等。

（3）红外遥感。探测波段在 $0.76 \sim 1\,000 \ \mu m$，主要收集和记录目标地物辐射和反射的红外辐射能量。常用的传感器有扫描仪、摄影机等。

（4）微波遥感。探测波段在 $1 \ mm \sim 1 \ m$，主要收集和记录目标地物辐射和反射的微波能量。常用的传感器有扫描仪、雷达、高度计、微波辐射计等。

（5）多波段遥感。探测波段在可见光波段和红外波段范围内，把目标地物辐射的电磁辐射细分为若干窄波段，同时得到一个目标物不同波段的多幅图像。常用的传感器有多光谱扫描仪、多光谱摄影机和反束光导管摄像仪等。

3. 按工作方式分类

根据传感器工作方式不同，遥感可以分为主动遥感和被动遥感。

（1）主动遥感。传感器主动发射一定电磁能量并接收目标地物的反向散射信号的遥感方式。常用的传感器包括侧视雷达、微波散射计、雷达高度计、激光雷达等。

（2）被动遥感。指传感器不向目标地物发射电磁波，仅被动接收目标地物自身辐射和对自然辐射源的反射能量，也被称为他动遥感、无源遥感。

4. 按数据的显示形式分类

根据数据的显示形式不同，遥感可以分为成像遥感和非成像遥感。

（1）成像遥感。是指传感器接收的目标电磁辐射信号可以转换为图像，电磁波能量分布用图像色调深浅表示，主要包括数字图像和模拟图像两种类型。

（2）非成像遥感。是指传感器接收的目标地物电磁辐射信号不能转换成图像，最后获取的资料为数据或曲线图，主要包括光谱辐射计、散射计和高度计等。

5. 按波段宽度和波谱连续性划分

按成像波段宽度以及波谱的连续性，可以划分为高光谱遥感和常规遥感两种类型。

（1）高光谱遥感（hyperspectralremote sensing）。是利用很多狭窄的电磁波波段（波段宽度通常小于 10 nm）产生光谱连续的图像数据。

（2）常规遥感。又称宽波段遥感，波段宽度一般大于 100 nm，且波段在波谱上不连续。例如，一个 TM（专题制图仪，thematic mappert）波段内只记录一个数据点，而用机械可见光／红外成像光谱仪（airborne visible infrared imaging spectrometer，AVTRIS）记录这一波段范围的光谱信息需用 10 个以上数据点。

6. 按遥感的应用领域分类

宏观上，按遥感的应用领域，可分为外层空间遥感、大气层遥感、陆地遥感和海洋遥感等。

微观上，即从遥感的具体应用领域来分，可分为资源遥感、环境遥感、林业遥感、渔业遥感、城市遥感、农业遥感、水利遥感、地质遥感、军事遥感等。这里重点介绍资源遥感和环境遥感。

（1）资源遥感。是指以地球资源作为调查研究对象的遥感方法。其中，调查自然资源状况和监测再生资源的动态变化是遥感技术应用的主要领域之一。利用遥感信息勘测地球资源成本低、速度快，能有效克服自然界环境恶劣的影响，大大提高工作效率。

（2）环境遥感。是指利用各种遥感技术对自然与社会环境的动态变化进行监测、评价或预报。由于人口的增长与资源的开发、利用和自然社会环境都在发生变化，因此利用多源、多时相遥感信息能够迅速为环境监测、评价和预报提供可靠的技术支撑。

7. 按遥感应用的空间尺度分类

根据遥感应用的空间尺度大小，遥感可以划分为全球遥感、区域遥感和城市遥感等类型。

（1）全球遥感。是指利用遥感全面系统地研究全球性资源与环境问题，主要针对由自然和人为因素造成的全球性环境变化以及整个地球系统行为。全球遥感是研究地球系统各组成部分之间相互作用及发生在地球系统内的物理化学和生物过程之间相互作用的一门新兴学科。

（2）区域遥感。是指以区域资源开发和保护为目的的遥感信息工程，主要针对区域规划和专题信息提取的遥感行为。一般情况下，通常根据行政区划和自然区划范围进行划分。虽然区域遥感的研究区域相对全球遥感小，但是其应用性与人类的关系更为紧密。

（3）城市遥感。是指以城市生态环境作为主要调查对象的遥感工程。城市作为一个地区的物质流、能量流和信息流的枢纽中心，往往需要借助于遥感技术来对城市绿地、城市空间形态、城市热岛效应以及大气污染等方面进行动态监测。

近年来，还出现了一种新型的激光遥感技术。激光遥感是指运用紫外线、可见光和红外线的激光器作为遥感仪器进行对地观测的遥感技术，属于主动式遥感。地面激光扫描仪和配套的专业数码照相机融合了激光扫描和遥感等技术，可以同时获取三维点云（point cloud）和彩色数字图像（color image）两种数据，扫描精度达 5～10 mm。激光遥感是高效率空间数据获取方面的研究热点所在，目前广泛应用于古代建筑重建与城市三维景观、虚拟现实和仿真、资源调查和灾害管理等方面。

目前，较统一的遥感技术分类如图 1.1 所示。首先按照传感器记录方式的不同把遥感技术划分为成像遥感和非成像遥感两大类；其次根据传感器工作方式不同，把成像遥感和非成像遥感划分为主动遥感和被动遥感两种；最后把主动遥感和被动遥感按照各自成像方式

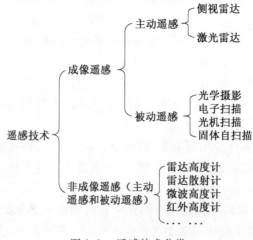

图 1.1　遥感技术分类

和各自特点进一步划分。例如,主动遥感中的侧视雷达又可以分为真实孔径雷达(real aperture radar,RAR)和合成孔径雷达(synthetic aperture radar,SAR);光学摄影成像分为框幅摄影机、缝隙摄影机、全景摄影机和多光谱摄影机;电子扫描成像分为 TV 摄像机、扫描仪和电荷耦合器件(charge-coupled device,CCD)。

(二) 遥感的特点

1.遥感的优点

(1)遥感作为一门综合性的对地观测技术,具有其他技术手段与之无法比拟的优势,主要包括以下几方面。

① 空间覆盖范围广阔,有利于同步观测。

遥感的空间覆盖范围非常广阔,可以大面积地同步观测。遥感平台越高,视角越宽广,可以同步观测到的地面范围也越大。当航天飞机和卫星在高空对地球表面目标进行遥感观测时,所获取的卫星图像要比近地面航空摄影获取的视场范围大得多,并且不受目标地物周围的地形影响。

目前,已发现的地球表面目标物的宏观空间分布规律往往是借助于航天遥感来发现的。例如,一幅美国 Landsat TM 影像,覆盖面积为 185 km × 185 km,覆盖我国全境仅需 500 余张影像即可;MODIS 卫星图像的覆盖范围更广,一幅图像可覆盖地球表面的 1/3,能够实现更宏观的同步观测。

② 光谱覆盖范围广,信息量大。

遥感技术的探测波段范围包括紫外、可见光、红外、微波和多光谱等,可以实现从可见光到不可见光全天候监测。不仅可以用摄影方式获取信息,而且还可以用扫描方式获取信息。遥感所获取的地物电磁波信息数据综合反映了地球表面许多人文、自然现象。红外线能够探测地表温度的变化,并且红外遥感可以昼夜探测;微波具有穿透云层、冰层和植被的能力,可以全天候、全天时地进行探测。因此,遥感所获取的信息量远远超过了常规传统方法所获取的数据量。

③ 时效性强。

获取信息速度快、周期短,具有动态和连续监测能力。遥感能动态反映地面事物的变化,尤其是航天遥感,可以在短时间内对同一地区进行重复性、周期性的探测,有助于人们通过所获取的遥感数据发现并动态地跟踪地物目标的动态变化。不同高度的遥感平台,其重复观测的周期不同。太阳同步轨道卫星可以每天 2 次对地球上同一地区进行观测。例如,NOAR 气象卫星和我国的风云(FY)系列气象卫星可以探测地球表面大气环境的短周期变化。美国 Landsat、法国 SPOT 和中巴合作生产的 CBERS(中巴地球资源卫星)等地球资源卫星系列分别以 16 天、26 天和 4～5 天为周期对同一地区重复观测,以获取一个重访周期内的地物表面的目标变化数据。同时,遥感还被用来研究自然界的变化规律,尤其是在监测天气状况、自然灾害、环境污染等方面,充分体现了其优越的时效性。

(2)随着遥感技术的快速发展,遥感还呈现出以下特点。

① 高空间分辨率。

ETM＋卫星影像空间分辨率最高可达 15 m,SPOT－6 卫星影像空间分辨率全色波段现在最高可达 1.5 m,多光谱波段达 6 m;IKONOS 影像数据分辨率可达 1 m 和 4 m;

Quickbird 影像数据空间分辨率最高可达 0.61 m;而中国的资源三号卫星正视相机空间分辨率可达 2.1 m,多光谱数据可达 6 m。

② 高光谱分辨率。

光谱分辨率在 $10^{-2}\lambda$ 的遥感信息为高光谱遥感,其光谱分辨率高达纳米(nm)数量级,在可见光到近红外光谱区,光谱通道往往多达数十甚至数百个。例如,机载的成像光谱仪整个波段数可达到 256 个波段。随着光谱分辨率的进一步提高,当光谱分辨率达到 $10^{-3}\lambda$ 时,高光谱遥感就进入了超高光谱遥感(ultraspectral remote sensing)领域。

③ 高时间分辨率。

不同高度的遥感平台,其重复观测的周期不同,地球同步轨道卫星和风云二号(FY-2)气象卫星可以每 30 min 对地观测一次,NOAA 气象卫星和风云一号(FY-1)气象卫星可以每天 2 次对同一地区进行观测。这种卫星可以探测地球表面大气环境在一天或几小时之内的短期变化,而传统的地面调查则需大量的人力、物力,用几年甚至几十年时间才能获得地球上大范围地区动态变化的数据。

(3) 与传统方法相比,遥感还具有以下优点。

① 受地球限制条件少。能获取地球表面自然条件恶劣、地面工作难以展开地区的信息。

② 经济性。可以大大节省人力、物力、财力和时间,具有很高的经济效益和社会效益。

③ 数据具有综合性。遥感探测所获取的是同一时段、覆盖大范围地区的遥感数据,综合展现了地球上许多自然与人文现象,宏观反映了地球上各种事物的形态与分布,全面揭示了地理事物之间的关联性。

④ 遥感数据的可比性强。由于遥感的探测波段、成像方式、成像时间、数据记录等均可按照要求设计,并且新的传感器和信息记录都可向下兼容,因此其获得的数据具有同一性和可比性。

2.当前遥感技术的局限性

目前,遥感技术正在不断地向高光谱、高空间分辨率和高时间分辨率的方向发展。虽然遥感技术具有其他技术不可替代的优势,但是仍存在一定的不足之处,主要表现在以下几方面。

(1) 遥感技术本身的局限性。

由于地球表面和传感器的复杂性,因此遥感技术自身也存在一定的局限性。

① 传感器的定标、遥感数据的定位、遥感传感器的分辨力等存在一定的局限,这就需要在实际应用中采取针对性措施减少遥感技术的局限带来的问题。

② 遥感技术在电磁波谱中仅反映地物从可见光到微波波段电磁波谱的辐射特性,而不能反映地物的其他波谱段特性。因此,它不能代替地球物理和地球化学等方法,但它可与其集成,发挥信息互补效应。

③ 遥感主要利用电磁波对地表物体特性进行探测,目前遥感技术仅仅是利用其中一部分波段范围,许多电磁波有待开发,且在已经利用的这一部分电磁波光谱中并不能准确地反映地物的某些细节特征。

④ 遥感所获取的是地表各要素的综合光谱,主要反映的是地物的群体特性,并不是地

物的个体特性,细碎的地物和地物的细节部分并不能得到很好的反映。

⑤ 卫星遥感信息主要反映的是近地表的现象、区域和运动状态等。这一局限性与人类在地球科学和其他科学研究中不断向地下深处发展之间产生了矛盾,这一矛盾使得遥感技术在不同行业和领域的应用程度可能会因应用领域的深入而受到影响。

⑥ 卫星遥感信息获取过程的确定性与信息应用反演时的不确定性产生了明显的矛盾,使卫星遥感技术在各领域的深入应用受到一定的影响。

(2)工作量大,周期长。

一般来说,遥感图像的自动解译要比人工目视解译误差大,精度也较低,但是如果全部采用人工目视解译,则工作量较大,周期也较长。此外,遥感应用中通常需要地物的社会属性,但是遥感技术并不能直接获取地物的社会属性,仅能通过实地调查等间接手段来获取,同样也存在较大的工作量和较长的周期。

(3)现有遥感图像处理技术不能满足实际需要。

遥感图像解译后获得的往往是对地物的近似估计信息,这就导致解译的信息与地物实际状况之间存在一定的误差。此外,由于同一地物在不同时间、不同地点和不同天气状况下的反射率并不完全相同,因此同一遥感传感器获取的地物信息也并不相同。一方面,由于遥感数据的复杂性,因此数据挖掘技术等遥感信息提取方法并不能满足遥感快速发展的要求,导致大量的遥感数据信息无法有效利用;另一方面,遥感图像的自动识别、专题信息提取以及遥感定量反演地学参数的能力和精度等还不能达到完全满足实际应用的需要。

(4)易受天气条件影响。

由于大气对电磁波的吸收和散射作用以及大气辐射传输模型不确定等因素,因此天气条件对遥感数据质量具有显著的影响。例如,大雾、浓云等天气条件下,可见光遥感就会受到很大的限制,遥感数据质量会较差。

(5)遥感数据共享和集成难度较大。

由于各国获取遥感数据的难易程度不一,且不同的应用领域都有针对性较强的遥感数据需求,因此,遥感数据在数据共享方面存在一定的难度。此外,遥感作为一种非常有效的数据获取手段,还需要与地理信息系统(GIS)、全球定位系统(GPS)和专家系统(ES)进行集成,构建多功能型遥感信息技术,提高遥感应用的精度。

三、遥感过程与遥感技术系统

(一)遥感过程

一个完整的遥感过程通常包括信息的收集、接收、存储、处理和应用等部分,遥感的基本过程如图1.2所示。遥感之所以能够根据收集到的电磁波信息识别地物目标,是因为有信息源的存在。信息源是遥感探测的依据,任何物体都具有发射、反射和吸收电磁波的特性,目标地物与电磁波之间的相互作用构成物体的电磁波特性。因此,遥感技术主要建立在物体辐射或反射电磁波的原理之上。目标物体的电磁波特性由传感器来获取,通过返回舱或微波天线传至地面接收站,地面接收站将接收到的信息进行存储和处理,转换成用户可以使用的各种数据格式,用户再按照不同的应用目的对这些信息进行分析处理,以达到遥感应用的目的。

1.信息收集

信息收集是指利用遥感技术装备接收、记录地物电磁波特性,并将接收到的地物反射或发射的电磁波转化为电信号的过程。目前最常用的遥感技术装备包括遥感平台和传感器。常用的遥感平台有地面平台、气球、飞机和人造卫星等;传感器是用来探测目标物电磁波特性的仪器设备,常用的有照相机、扫描仪和成像雷达等。

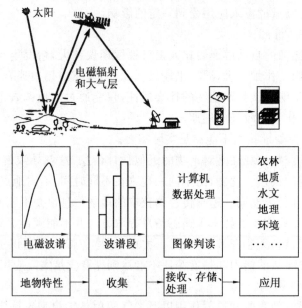

图 1.2　遥感的基本过程

2.信息接收与存储

传感器将接收到的地物电磁波信息记录在数字磁介质或胶片上。其中,胶片由人或回收仓送回地球,而数字磁介质上记录的信息可以通过传感器上携带的微波天线传输到地面接收站。卫星遥感影像的接收、储存在卫星地面接收站完成,收集的数据通过数模转换变成数字数据。目前,遥感影像数据均以数字形式保存,且随着计算机技术的快速发展,数据保存格式也趋于标准化和规范化。

3.信息处理

信息处理是指运用光学仪器和计算机设备对卫星地面接收站接收的遥感数字信息进行信息恢复、辐射和卫星姿态校正、投影变换以及解译处理的全过程,其目的是通过对遥感信息的恢复、校正和解译处理,降低或消除遥感信息的误差,并依据用户需求从中识别并提取出所需的感兴趣信息。目前,遥感影像的处理都是基于数字的,因此还产生了一门新兴的遥感数字图像处理课程,该课程主要依靠计算机硬件和遥感图像处理软件发展而来。

4.信息应用

信息应用是指专业人员按不同目的将从遥感影像数据中提取的专题信息应用于各个领域的过程。目前,遥感技术已经广泛地应用于军事、地图测绘、地质矿产勘探、自然资源调查、环境监测以及城市规划和管理等领域。此外,不同的行业由于应用背景和需求不同,如农业部门获取农作物的信息,测绘部门主要制作地形图和 4D 产品,林业部门获取林业的分布、蓄积量等信息。各部门都有着各自领域独特的应用规范。但是在一般情况下,遥感应用的最基本方法就是将遥感信息作为地理信息系统的数据源,方便人们对其进行查询、统计和分析等。

(二)遥感技术系统

遥感是一项复杂的系统工程,既需要完整的技术设备,又需要多学科交叉。遥感技术系统主要包括遥感平台系统、传感器系统、数据的接收记录和处理系统及基础研究和应用系统等。

1.遥感平台系统

遥感平台包括卫星、飞机、气球、高塔、高架车等,种类繁多。在不同高度的遥感平台上,可以分别获得不同的面积、分辨率、特点和用途等遥感信息。遥感平台系统见表1.2,在实际的遥感应用中,不同高度的遥感平台既可以单独使用,又可以相互配合使用,组成立体的遥感探测网。

表1.2 遥感平台系统

类型		高度	特性
地面平台	地面平台	距地面2 m左右	进行地物的波谱特性测试
	遥感塔	距地面6 m左右	进行单元景观波谱测试
	遥感车(船)	距地面10 m左右	
航空平台	飞机 低空	一般在2 km以下	
	飞机 中空	2～6 km	用于获取1:5万的影像
	飞机 高空	12～30 km	
	气球 低空	12 km以下	定位遥感监测地面动态变化,覆盖面积500～
	气球 高空	12～40 km	1 000 km²
航天平台	卫星 低轨	150～300 km	大比例尺、高分辨率影像,主要用于侦查
	卫星 中轨	350～1 800 km	主要用于环境监测,如Landsat、SPOT、资源三号等
	卫星 高轨	36 000 km	随地球运转,周期为23 h56 min0.4 s
	火箭	300～400 km	
	航天飞机	可垂直起飞,有航空航天的能力,可重复使用	
航宇平台	星际飞船	从外太空来对地－月系统之外的目标进行遥感探测	
	立体遥感	地面、航空、航天和航宇综合构成遥感系统	

2.传感器系统

遥感传感器是指收集、探测并记录地物电磁波辐射信息特性的仪器,是整个遥感技术系统的重要组成部分。目前,常见的传感器有雷达、摄影机、扫描仪、摄像机、光谱辐射计等。同时,传感器还是遥感技术系统的核心部分,其性能直接制约着遥感数据质量和应用精度。

3.数据的接收记录和处理系统

数据的接收记录和处理系统是指通过接收来自地面上各种地物的电磁波信号,同时收集各地面数据收集站发送的信息,将这两种信息发回地面数据接收站,并对接收到的数据进行加工处理,以提供给不同的用户。经过多年的努力,我国目前已经建成了5个国家级遥感卫星数据接收和服务系统,分别是气象卫星、海洋卫星、资源卫星、北京一号卫星以及国外卫星地面接收、处理与分发系统。在遥感技术系统中,数据的接收记录和处理系统主要包括地面接收站和地面处理站两部分,此外还包括地面遥测数据收集站、跟踪站、控制中心、数据中继卫星和培训中心等子系统。下面重点介绍地面接收站和地面处理站。

(1)地面接收站。

对于卫星遥感而言,地面接收站主要以视频传输的方式接收遥感信息。接收记录的数据通常通过若干磁带机记录在高密度数字磁带(high density digital tape,HDDT)上,随后送往地面处理站处理成可供用户使用的数字磁带和胶片等。地面接收站由大型抛物面的主、副反射面天线和磁带机组成,主要任务是搜索、跟踪卫星,接收并记录卫星遥感数据、遥测数据及卫星姿态数据。为了获取这个范围以外的遥感图像信息,早期在卫星上装载宽频磁带机,以便将记录接收站视场以外的地表信息延时发送回来,即在卫星飞越接收站接收覆盖范围内时,将范围内和范围外的遥感图像信息一起发送到接收站。例如,美国陆地卫星最初就安装了两台宽频磁带机,但是磁带机有时会丢失信息。目前,常采用中继卫星实时发送的方式向地面接收站发送遥感信息。

地面接收站可以建立在卫星发射国,也可以建立在其他国家。其中,建立在卫星发射国的地面接收站,功能更加全面,责任也更加重大。地面接收站除处理接收遥感信息之外,还需要发送控制中心的指令,以指挥星体的运行和星上设备的工作,同时接收卫星发回的有关星上设备工作状态的遥测数据和地面遥测数据收集站发送给卫星的数据。而建立在其他国家的地面接收站则只负责接收遥感图像信息。

中国遥感卫星地面站于1986年底在北京建成并投入使用。地面站覆盖了以北京为中心、半径约为2 400 km的地区(新疆、西藏、云南的部分地区除外),可接收覆盖我国80%地区的美国Landsat、加拿大Radarsat、欧洲空间局ERS、日本JERS和法国SPOT等遥感图像信息。为弥补接收空缺,先后增建了喀什(2008年)、三亚(2013年)接收站,形成了覆盖全国疆土的卫星地面接收站网格局,并形成完整的卫星数据接收、传输、存档、处理和分发体系。

(2)地面处理站。

我国卫星图像的地面处理站设在北京市。遥感数据地面处理站主要由计算机图像处理系统和光学图像处理系统组成。计算机处理系统以两台VAX II /780计算机和AP180阵列机为核心,配有独立的胶片成像计算机系统,完成数据输入、分幅、快视、辐射校正和几何校正。照像处理系统将上述胶片做进一步处理,生产多种类型的正负胶片、像片等产品。计算机图像处理系统的主要功能是对地面接收站接收记录的数据进行转换,生产可供用户使用的计算机兼容磁带(omputer compatible tape,CCT)和70 mm的图像产品,并通过高密度数字磁带上提供的星历参数、辐射校准参数等对图像进行几何校正和辐射校正。几何校正的主要任务是改正由于地球曲率、地球自转、扫描角速度不均匀等造成的图像几何变形;辐射校正的任务是根据传感器内部校准参数和地面遥感测试资料进行辐射亮度值的改正。光学图像处理系统的主要功能是对数据处理后生成的潜影胶片进行冲洗、放大、合成、分割,从而产生各种类型、规格的正负胶片和像片等产品。

卫星遥感地面处理站除了主要进行遥感数据加工处理和生产外,还是卫星遥感数据管理和分发中心,它必须将数据和资料进行编目、制卡,把高密度磁带存入数据库。采用计算机管理和检索可以使巨量的图像资料得到很好的管理,为用户查询、购买提供方便。此外,卫星遥感地面处理站还面向用户提供服务,其中主要的用户就是各政府部门所属的遥感应用中心,它们负责将遥感图像直接用于本部门的工作。这些部门利用遥感图像进行土地资源调查、林业资源调查、生态环境调查,以及重点城市扩展情况监测、荒漠化监测、农作物估产、灾害监测与评估、地质与资源勘探、地形图测绘等众多领域,使遥感在国民经济中发挥巨大的作用。

4.基础研究和应用系统

遥感应用通过对遥感图像所反映的地物电磁波信息的分析、研究,完成地球资源调查、环境分析和预测预报工作,为农林、地质、矿产、水电、军事、测绘和国防建设等部门服务。因此,遥感应用必须以切实的基础研究作为保证。目前,除了传感器、测控和通信等方面的基础研究外,还应加强卫星和航空遥感的模拟试验、遥感仪器设备的性能试验、地物的波谱特性、遥感图像解译理论和应用理论等研究,这也是遥感基础研究的重要组成部分。

为了更好地检验各种遥感传感器和设备的性能,还需要建立一定数量且具有一定代表性的遥感试验区,以便测试传感器等仪器是否能满足探测地物的要求,通过研究试验区各类地物的波谱特性,为解译和识别提供依据,并为图像的处理提供参量。其中,遥感试验区有大小和类型之分。仅为了满足某一方面需要而设立的试验区面积一般较小,只有数十平方千米;而为了满足多学科、多专业和多要素试验时而设立的综合遥感试验区面积则通常较大,可达到数万平方千米。例如,美国洛杉矶试验区就是一个典型的综合遥感试验区,其面积达 60 000 km²,陆地卫星上的多光谱扫描仪(multi spectral scanner,MSS)中的四个波段正是在该试验区进行大量深入的研究和观测的基础上,通过掌握各种气候环境条件下各种地物的波谱特性和大量的模拟试验才确定的。

此外,为了验证某一试验精度,还有必要建立相当数量的观测站或点。例如,在美国已建立的数千个观测站、点中,有 35 个是地面辐射校准站。由于这些校准站点具有单一的地面目标地物,反映在卫星图像上信号也比较一致,因此常用来作为遥感图像亮度的校准参照物。还有 276 个位于荒芜的沙漠、沼泽、盐湖、海滩的地面遥测数据收集站,这些遥测站能够自动观测温度、湿度、雨量、风速等环境数据,并发送给卫星,通过卫星把信息转发至接收站,为遥感图像的校正和分析提供参考。

在我国,一方面,从国家遥感中心于 1985 年在唐山地区建立综合试验基地开始,逐渐建成了长春净月潭、山东禹城、江苏宁芜、广东珠海及新疆阜康等多个不同类型的遥感试验场;另一方面,许多政府部门和研究院所都分别成立了专门的遥感应用中心或遥感研究所,这些机构是各个部门开展遥感应用的核心。众多试验场和遥感应用中心的建成及分布表明,我国地大物博,建立和发展各类遥感试验区和遥感研究单位是一项基础工作,具有重要的战略意义。

任务二　遥感理论基础

本任务主要介绍遥感物理基础、电磁波及电磁辐射、地物的光谱特性、大气对太阳辐射及遥感监测的影响等主要物理知识。通过植被典型光谱介绍,阐明地物反射率随波长变化的规律;通过散射类型的介绍,加深学生了解大气对遥感的复杂影响。希望学生掌握遥感的物理原理,了解主要地物的光谱特性以及大气窗口在遥感监测的重要意义。

一、电磁波与辐射

遥感技术是建立在物体电磁波辐射理论基础上的。任何物体本身都具有发射、吸收和反射电磁波的能力,这是物体的基本特征。遥感就是利用传感器所接收的地面目标地物的电磁波,通过电磁波中所传递的信息来识别目标,从而达到探测目标物的目的的。

(一)电磁波及其特性

1.电滋波

波是振动在空间的传播。在空气中传播的声波、在水面传播的水波和在地壳中传播的地震波等都是由振源发出的振动在弹性介质中的传播,这些波统称为机械波。光波、热辐射、微波、无线电波等都是由振源发出的电磁振荡在空间的传播,这些波称为电磁波。电磁波是在真空或物质中通过传播电磁场的振动而传输电磁能量的波,也称为电磁辐射。电磁波的传输可以从麦克斯韦方程式中推导出来。

2.电磁波的性质

电磁波具有波动性和粒子性两种性质。电磁辐射在传播过程中主要表现为波动性,而电磁辐射与物质相互作用时主要表现为粒子性,这就是电磁波的波粒二相性。遥感传感器可以探测到目标物在单位时间辐射的能量,正是电磁辐射的粒子性,某时刻到达传感器的电磁辐射能量才具有统计性。电磁波的波长不同,其波动性和粒子性所表现的程度也不同。一般来说,波长越短,电磁波的粒子特性越明显;波长越长,波动特性越明显。遥感技术正是利用电磁波的波粒二相性来探测目标物电磁辐射信息的。

电磁波的波长、传播方向、振幅和偏振面与遥感信息探测具有对应关系。波长在可见光对应于目标地物的颜色,利用传播方向和振幅可以探测目标地物的形状与位置信息,偏振面主要应用于微波遥感中。

(二)电磁波谱与遥感监测

1.电磁波谱

γ射线、紫外线、可见光、红外线、微波、无线电波等都是电磁波,将各种电磁波在真空中传播的波长(或频率)按其长短递增或递减排列成的表(表1.3)叫作电磁波谱(electromagnetic spectrum)。

电磁波谱中的不同波段,习惯使用的波长单位也不相同。在无线电波波段,波长的单位取千米(km)或米(m);在微波波段,波长的单位取厘米(cm)或毫米(mm);在红外线波段,常取的单位是微米(μm);在可见光和紫外线波段,常取的单位是纳米(nm)或微米。波长单位的换算关系为

$$1 \text{ nm} = 10^{-3} \ \mu\text{m} = 10^{-7} \text{ cm} = 10^{-9} \text{ m}$$
$$1 \ \mu\text{m} = 10^{-3} \text{ mm} = 10^{-4} \text{ cm} = 10^{-6} \text{ m}$$

除了用波长来表示电磁波外,还可以用频率来表示,习惯上常用波长表示短波(如γ射线、X射线、紫外线、可见光、红外线等),用频率表示长波(如无线电波、微波等)。

表 1.3 电磁波谱及其在遥感中的应用

波段	波长	在遥感中的应用
γ 射线	< 0.03 nm	辐射全部被大气吸收,在遥感中未应用
X 射线	0.03 ~ 3 nm	
紫外线	0.01 ~ 0.38 μm	紫外遥感,小于 0.3 μm 的紫外线全部被臭氧层吸收,0.3 ~ 0.38 μm 的紫外遥感主要应用于油污的监测以及探测碳酸盐分布
可见光	紫 0.38 ~ 0.43 μm 蓝 0.43 ~ 0.47 μm 青 0.47 ~ 0.50 μm 绿 0.50 ~ 0.56 μm 黄 0.56 ~ 0.59 μm 橙 0.59 ~ 0.62 μm 红 0.62 ~ 0.76 μm	可见光遥感,遥感中最常用的波段,是被动遥感主要的探测波段,其中利用较多的波段是红、绿、蓝波段
近红外线	0.76 ~ 3.0 μm	近红外遥感,也称反射红外,常用于植被、水体及水体污染的监测,在遥感技术中也是常用波段
中红外线	3 ~ 6 μm	热红外遥感,采用热感应方式探测地物本身的辐射(如热污染、火山、森林火灾等),所以工作时不仅白天可以进行,夜间也可以进行,能进行全天时遥感
远红外线	6 ~ 15 μm	
超远红外线	15 ~ 1 000 μm	
微波	1 mm ~ 1 m	微波遥感,能进行全天候、全天时的遥感探测,可采用主动或被动方式成像,在遥感技术中是一个很有发展潜力的遥感波段
无线电波	> 1 m	主要用于无线电通信

2. 遥感技术常用的电磁波

目前遥感所使用的电磁波集中在紫外线、可见光、红外线和微波波段(表 1.3)。

遥感常用的各光谱段的主要特性介绍如下。

(1) 紫外线。

波长范围为 0.01 ~ 0.38 μm。太阳辐射含有紫外线,通过大气层时,波长小于 0.3 μm 的紫外线几乎都被吸收,只有波长 0.3 ~ 0.38 μm 的紫外线部分能穿过大气层到达地面,且能量很少,并能使溴化银底片感光。紫外波段在遥感中的应用比其他波段晚,目前主要用于探测碳酸盐岩分布。碳酸盐岩在 0.4 μm 以下的短波区域对紫外线的反射比其他类型的岩石强。另外,水面漂浮的油膜比周围水面反射的紫外线要强烈,因此可用于油污染的监测。但是紫外波段从空中可探测的高度大致在 2 000 m 以下,对高空遥感不宜采用。

(2) 可见光。

可见光是遥感中最常用的波段。可见光在电磁波谱中只占一个狭窄的区间,波长范围为 0.38 ~ 0.76 μm,由红、橙、黄、绿、青、蓝、紫七色光组成,人眼对可见光可直接感觉,不仅对可见光的全色光,而且对不同波段的单色光也都具有这种能力,所以可见光是鉴别物质特征的主要波段。在遥感技术中,常用光学摄影的方式接收和记录地物对可见光的反射特征,也可将可见光分成若干个波段同一瞬间对同一景物同步摄影以获得不同波段的像片,或采用扫描方式接收和记录地物对可见光的反射特征。

（3）红外线。

红外线波长范围为 $0.76 \sim 1\,000\ \mu m$，为了实际应用方便，又将其划分为近红外线（$0.76 \sim 3.0\ \mu m$）、中红外线（$3.0 \sim 6.0\ \mu m$）、远红外线（$6.0 \sim 15.0\ \mu m$）和超远红外线（$15 \sim 1\,000\ \mu m$）。近红外线在性质上与可见光相似，由于主要是地表面反射太阳的红外辐射，因此又称为反射红外。在遥感技术中，采用摄影方式和扫描方式接收和记录地物对太阳辐射的红外反射。近红外波段常用于植被、水体及水体污染的监测，在遥感技术中也是常用波段。

中红外线、远红外线和超远红外线是产生热感的原因，所以又称为热红外线。自然界中任何物体，当温度高于绝对温度（$-273.15\ ℃$）时，均能向外辐射红外线。物体在常温范围内发射红外线的波长多为 $3 \sim 4\ \mu m$，而 $15\ \mu m$ 以上的超远红外线易被大气和水分子吸收，所以在遥感技术中主要利用 $3 \sim 15\ \mu m$ 波段，更多的是利用 $3 \sim 5\ \mu m$ 和 $8 \sim 14\ \mu m$ 两波段。红外遥感是采用热感应方式探测地物本身的辐射（如热污染、火山、森林火灾等），所以工作时不仅白天可以进行，夜间也可以进行全天时遥感。

（4）微波。

微波的波长范围为 $1\ mm \sim 1\ m$，又可分为毫米波、厘米波和分米波。由于微波的波长比可见光和红外线要长，能穿透云、雾而不受天气影响，因此能进行全天候全天时的遥感探测。微波遥感可以采用主动或被动方式成像。另外，微波对某些物质具有一定的穿透能力，能直接透过植被、冰雪、土壤等表层覆盖物。因此，微波在遥感技术中是一个很有发展潜力的遥感波段。

3.电磁辐射的度量单位

在遥感探测过程中，需要测量从目标地物反射或辐射的电磁波能量。为了定量描述电磁辐射（electromagnetic radiation），需要了解下面一些辐射度量的术语及其定义。

（1）辐射能量（w）。电磁辐射的能量，单位是 J。

（2）辐射通量（Φ）。 在单位时间内传送的辐射能量（W），是辐射能流的单位，记为 $\Phi = dW/dt$。

（3）辐射通量密度（E）。单位面积、单位时间内所截获的辐射能量，记为 $E = d\Phi/ds = dW/(dt \cdot ds)$。

（4）辐照度（I）。被辐照的物体表面单位面积上的入射辐射通量，记为 $I = d\Phi/ds$，单位是 W/m^2。

（5）辐射出射度（M）。被辐照的物体单位面积上出射的辐射通量，记为 $M = d\Phi/ds$。辐照度与辐射出射度都是描述辐射能量的密度，前者描述物体接收的辐射，后者为物体发出的辐射。

（6）辐射亮度（L）。在单位立体角、单位时间内，从外表面的单位面积上辐射出的辐射能量。

（三）电磁辐射源

自然界中一切物体都是辐射源，而太阳和地球是自然中最大的天然辐射源，也是遥感探测中被动遥感的主要辐射源。太阳是可见光及近红外遥感的主要辐射源，地球是远红外遥感的主要辐射源。主动式遥感采用人工辐射源，是微波遥感的主要辐射源。

1.太阳辐射

（1）太阳常数。

太阳是太阳系的中心天体,太阳辐射是地球上生物、大气运动的能源,也是被动式遥感系统中重要的天然辐射源。太阳辐射以电磁波的形式,通过宇宙空间到达地球表面(约 1.5×10^8 km),全程时间约 500 s。地球挡在太阳辐射的路径上,以半个球面承受太阳辐射。地球表面上各部分承受太阳辐射的强度是不相等的,当地球处于日地平均距离时,单位时间内投射到地球大气上界且垂直于太阳辐射线的单位面积上的太阳辐射能为 1.36×10^3 W/m^2,此数值称为太阳常数。一般来说,垂直于太阳辐射线的地球单位面积上接受到的辐射能量与太阳至地球距离的平方成反比。太阳常数不是恒定不变的,一年内约有 7% 的变动。太阳常数是地球大气顶端接受的太阳能量,不受大气的影响,所以太阳常数对研究太阳辐射及遥感探测十分重要。

（2）太阳光谱。

太阳表面的温度约有 6 000 K,它以接近于温度为 5 800 K 的理想黑体辐射的能力向外散发着辐射。太阳发射的能量大部分集中在可见光波段,其最强的辐射波长位于 0.48 μm 左右。图 1.3 描绘了黑体在 5 800 K 时的辐射曲线、在大气层外接收到的太阳辐照度曲线及太阳辐射穿过大气层后在海平面接收到的太阳辐照度曲线。

从大气外层太阳辐照度曲线可以看出,太阳辐射的光谱是连续光谱,太阳辐射能量中各个波段所占比例见表 1.4。太阳辐射在近紫外到中红外这一波段区间能量最集中,能量相对最稳定,太阳强度变化最小,太阳活动对遥感的影响减至最小,此波段是被动遥感的主要利用波段。其他波段如 X 射线、γ 射线、远紫外及微波波段,尽管它们的能量加起来不到 1%,但变化却很大,一旦太阳活动强烈,如黑子和耀斑爆发,其强度也会剧烈增长,因此会影响地球磁场,中断或干扰无线电通信,也会影响宇航员或飞行员飞行。

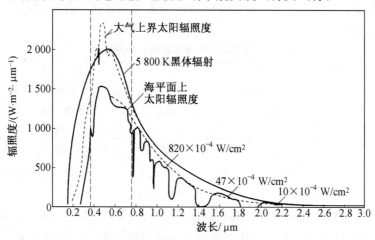

图 1.3　太阳辐照度分布曲线

图 1.3 中海平面处的太阳辐照度曲线与大气层外的曲线有很大不同。太阳辐射通过大气圈后到达地面,由于大气对太阳辐射有一定的吸收、散射和反射,因此投射到地面上的太阳辐射强度有很大衰减。同时,由于大气中的水、氧气、臭氧、二氧化碳等分子对太阳辐射的

选择性吸收作用,因此衰减产生差异,图中那些衰减最大的区间便是大气分子吸收的最强波段。

表 1.4　太阳辐射能量中各波段所占比例

波段名称	波长 /μm	波段能量 /%
X 射线、γ 射线	$< 10^{-3}$	0.02
远紫外	$10^{-3} \sim 0.2$	0.02
中紫外	$0.20 \sim 0.31$	1.95
近紫外	$0.31 \sim 0.38$	5.32
可见光	$0.38 \sim 0.76$	43.50
近红外	$0.76 \sim 1.5$	36.80
中红外	$1.5 \sim 5.6$	12.00
远红外	$5.6 \sim 1\,000$	0.41
微波	$> 1\,000$	0.41

2. 地球辐射

(1)地球辐射定义。

地球辐射主要指地球自身的热辐射,是远红外遥感的主要辐射源。地球表面的平均温度大约是 300 K,地球辐射最强的波长是 9.66 μm,属于远红外波段。由于这种辐射与地表热有关,因此也称为热红外遥感。地球辐射的能量分布在从近红外到微波这一很宽的范围内,但大部分集中在 6 ~ 30 μm。热红外遥感被广泛应用于地表地热异常的探测、城市热岛效应及水体热污染等方面的研究。

(2)太阳辐射与地球辐射的关系。

太阳辐射近似于温度为 6 000 K 的黑体辐射,而地球辐射则接近于温度为 300 K 的黑体辐射。最大辐射波长分别为 0.48 μm 和 9.66 μm,两者相差较远。表 1.5 反映了太阳辐射和地球辐射的分段特性。

表 1.5　太阳辐射和地球辐射的分段特性

波长 /μm	波段名称	辐射特性
$0.3 \sim 2.5$	可见光和近红外	地表反射太阳辐射为主
$2.5 \sim 6$	中红外	地表反射太阳辐射和地表物体自身的热辐射
> 6	热红外	地表物体自身的热辐射为主

太阳辐射主要集中在 0.3 ~ 2.5 μm,属于紫外、可见光和近红外波段。传感器探测的目标地物在这些波段的电磁辐射主要是地表反射的太阳辐射。因此,遥感探测常用的可见光和近红外遥感需要详细了解目标地物的反射光谱特征。

地球自身的辐射能主要集中在长波,即 6 μm 以上的热红外区段。该区段太阳辐射的影响几乎可以忽略不计,只考虑地表物体自身的热辐射。热红外对于探测地表的地热异常非常有效,同时为了避免太阳辐射的影响,最好选择清晨时间。

在 2.5 ~ 6 μm,即中红外波段,是两种辐射共同起作用的部分,地球对太阳辐射的反射和地表物体自身的热辐射均不能忽略。

3.人工辐射源

人工辐射源指人为发射的具有一定波长（或一定频率）的波束，主动式遥感采用人工辐射源。工作时根据接收地物散射该光束返回的后向反射信号强弱，从而探知地物或测距，称为雷达探测。雷达可分为微波雷达和激光雷达。在微波遥感中，目前常用的主要为侧视雷达。

微波辐射源在微波遥感中常用的波段为 0.8～30 cm。微波波长比可见光、红外线波长要长，受到大气散射影响小。因此，微波遥感具有全天候全天时探测能力，在海洋遥感及多云多雨地区得到广泛应用。

激光辐射源在遥感技术中逐渐得到应用，其中应用较广的为激光雷达。激光雷达使用脉冲激光器，可精确测定卫星的位置、高度、速度等，也可测量地形、绘制地图、记录海面波浪情况，还可利用物体的散射性及荧光、吸收等性能监测污染和勘查资源。

二、遥感地物波谱

自然界中任何地物都具有反射和发射电磁辐射的能力，但物体在不同波长处的反射和发射电磁辐射的能力是不同的。这种地物辐射能力随波长而变化的规律，就是地物的波谱特性，包括地物的反射波谱特性和地物的发射波谱特性。

（一）地物的反射波谱特性与地物反射波谱曲线

当太阳辐射能量入射到地物表面上时，将会出现三种过程：一部分入射能量被地物反射；一部分入射能量被地物吸收，成为地物本身的内能或部分再发射出来；一部分入射能量被地物透射。即有

$$P_0 = P_\rho + P_\alpha + P_\tau \tag{1.1}$$

式中，P_0 为入射总能量；P_ρ 为反射能量；P_α 为吸收能量；P_τ 为透射能量。

在反射、吸收、透射中能量使用最多的是反射。因为遥感探测常用的可见光与近红外波段，主要是以地物反射太阳辐射能量为主，所以为了更好地识别地物及进行遥感定量研究，必须详细分析每种地物的反射波谱特性。

1.地物的反射率

不同地物对入射电磁波的反射能力是不一样的，通常采用反射率（反射系数、亮度系数）来表示。反射率是地物对某一波段电磁波的反射能量与入射总能量之比，其数值用百分率表示。物体反射的辐射能量（P_ρ）占总入射能量（P_0）的百分比称为反射率 ρ，公式为

$$\rho = P_\rho / P_0 \times 100\% \tag{1.2}$$

地物反射率的大小与入射电磁波的波长、入射角的大小以及地物表面颜色和粗糙度等有关。一般来说，当入射电磁波波长一定时，反射能力强的地物反射率大，在黑白遥感图像上呈现的色调就浅；反之，反射能力弱的地物反射率小，在黑白遥感图像上呈现的色调就深。在遥感图像上，色调的差异是判读遥感图像的重要标志。

物体表面状况不同，反射率也不同。物体表面往往是粗糙不平的，根据对反射的影响分为光滑表面和粗糙表面，根据物体表面的反射类型分为镜面反射、漫反射和实际物体表面的反射。

镜面反射是指由光滑表面产生的反射，反射时满足反射定律，入射波和反射波在同一平

面内,入射角与反射角相等。当镜面反射时,如果入射波为平行入射,则只有在反射波射出的方向上才能探测到电磁波,其他方向探测不到。对可见光而言,其他方向应该是黑的。自然界中真正的镜面很少,非常平静的水面可以近似认为是镜面。

漫反射是粗糙表面上产生的反射,其反射方向不遵守反射定律,在物体表面各个方向都有反射,其反射强度遵循朗伯定律。对于漫反射,当入射强度一定时,从任何角度观察反射面,其反射率是一个常数,这种反射面叫作朗伯面。自然界中真正的朗伯面很少,新鲜的氧化镁(MgO)、硫酸钡(BaSO$_4$)、碳酸镁(MgCO$_3$)等的表面常被近似看成朗伯面,在地面光谱反射率测定时常用来制作标准板。

实际物体表面既不是镜面,也不是粗糙表面,所以电磁辐射在各个方向上都有反射,但在某一方向,反射率要大一些,这种现象称为方向反射。方向反射相当复杂,其反射率的大小既与入射方向的入射方位角和天顶角有关,也与反射方向的方位角和天顶角有关。

2.地物的反射波谱曲线

地物的反射波谱反映了地面物体反射率随波长的变化规律。不同物体对同一波长的电磁辐射具有不同的反射能力,同一物体对不同波长的电磁辐射也具有不同的反射能力。地物的反射率随入射波长变化的规律称为地物反射波谱,按地物反射率与波长之间的关系绘成的曲线(横坐标为波长值,纵坐标为反射率)称为地物反射波谱曲线(geographic spectral reflectance curve)。如图1.4所示为几种典型地物的反射波谱曲线。

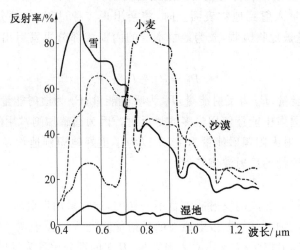

图1.4 几种典型地物的反射波谱曲线

由于物质组成和结构不同,不同地物具有不同的反射光谱特性,因此可以根据遥感传感器所接收到的电磁波光谱特征的差异来识别不同的地物,这就是遥感的基本出发点。通过如图1.4所示的四种地物反射光谱曲线图需要理解以下六方面。

(1)不同的地物具有不同的波谱特征。

雪的反射光谱和太阳光谱很相似,在0.4～0.6 μm波段有一个很强的反射峰,反射率几乎接近100%,所以看上去是白色。随着波长的增加,反射率逐渐降低,进入近红外波段吸收逐渐增强,变成吸收体。雪的这种反射特性在这些地物中是独一无二的。

沙漠在橙光波段0.6 μm附近有一个强反射峰,所以呈现出橙黄色,在波长达到0.8 μm

以上的长波范围,因此其反射率比雪还强。

湿地在整个波长范围内的反射率均较低,当含水量增加时,其反射率就会下降,尤其在水的各个吸收带处,反射率下降更为明显。因此,在黑白像片上,其色调常呈深暗色调。

小麦的反射光谱曲线主要反映了小麦叶子的反射率,在蓝光波段(中心波长为 0.45 μm)和红光波段(中心波段为 0.65 μm)上有两个吸收带,其反射率较低。在两个吸收带之间,即在 0.55 μm 附近有一个反射峰,这个反射峰的位置正好处于可见光的绿光波段,所以叶子的天然色调呈现绿色。大约在 0.7 μm 附近,由于绿色叶子很少吸收该波段的辐射能,因此其反射率骤然上升,至 0.8 μm 近红外波段范围内反射率达到高峰。

由于不同地物在不同波段反射率存在着差异,因此在不同波段的遥感图像上呈现出不同的色调,这就是判读识别各种地物的基础和依据。

(2)根据区分的地物不同选择不同波段的遥感影像。

0.4～0.5 μm 波段的像片可以将雪和其他地物区分开;0.5～0.6 μm 波段的像片可以将沙漠与小麦、湿地区分开;0.7～0.9 μm 波段的像片可以将小麦与湿地区分开。在遥感上对不同的研究地物,可根据地物的光谱特征选择最佳波段像片进行判读。

(3)卫星监测数据的波谱曲线是地物分类的基础。

利用卫星监测数据可以直接得到地物反射波谱曲线,卫星遥感监测波段数越多,波谱曲线越光滑。一般的卫星监测波段在四个以上,高光谱遥感可以发展到几十个到几百个波段。利用地物波谱曲线进行分类是遥感图像处理软件的主要分类方法。

(4)地面地物反射波谱曲线的测定是遥感数据分类的基础。

利用卫星遥感数据监测地物反射波谱曲线进行分类,必须有地面监测的波谱曲线进行对照。对照分析的波谱曲线最好是同一时间监测的数据,即在卫星过境时在地面同时进行监测。但一般很难控制在相同时间,所以在地面建立标准的波谱数据库进行分析利用。

(5)地物波谱数据库的建设。

针对地面上所有地物,测定其波谱特征曲线,统一建立波谱数据库。但是波谱曲线测量时有严格的控制条件和统一的标准,这样监测的曲线才具有可比性。

(6)地物波谱曲线测量是遥感的重要内容。

通过波谱曲线野外测量可以全面了解波谱曲线对于遥感监测的意义及波谱曲线的测量过程与条件。

3. 不同地物的反射波谱曲线特征

(1)植被。

植被的波谱特征规律性非常明显。绿色植物的叶子由表皮、叶绿素颗粒组成的栅栏组织和多孔薄壁细胞组织构成,入射到叶子上的太阳辐射透过上表皮,蓝、红光波段被叶绿素吸收进行光合作用,绿光大部分也被吸收,仅有少部分被反射,所以叶子呈现绿色,而近红外线则穿透叶绿素被多孔薄壁细胞组织反射,因此在近红外波段上形成强反射(图 1.5),表现在可见光波段范围(0.4～0.76 μm)有一个小反射峰,位置大约在绿色波段(0.55 μm),两边蓝波段和红波段有两个吸收带,在曲线上为波谷。在近红外波段 0.7 μm 处反射率迅速增大,至 1.1 μm 附近有一峰值,形成植被独有的特征。

（2）水体。

水体的反射主要在蓝绿光波段，其他波段吸收都很强，特别到近红外波段吸收就更强，反射率几乎为零（图1.6），所以在近红外遥感影像上水体呈黑色。

但当水中含有其他物质时，反射光谱曲线会发生变化。影响水体反射率的主要因素是水的混浊度、深度、波浪起伏、水面污染、水生生物等。当水深、水中泥沙含量及叶绿素含量发生变化时，其反射率也会发生变化。因此，可以利用水体波谱曲线的变化监测水体污染。

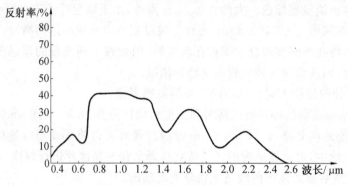

图 1.5　绿色植物反射波谱曲线

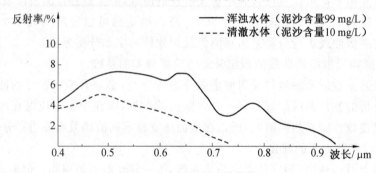

图 1.6　水的反射波谱曲线

（3）土壤。

自然状态下土壤表面的反射率没有明显的峰值和谷值，土壤反射波谱曲线比较平滑（图1.7）。但土壤类型、土壤质地、含水量、有机质含量等都会影响土壤反射波谱特性。一般来说，土质越细，反射率越高；有机质含量越高、含水量越高，反射率越低。因此，可以利用土壤波谱特性定量分析土壤的含水量和肥力状况。

（二）地物的发射波谱特性与地物发射波谱曲线

任何地物在温度高于绝对温度时都具有发射电磁辐射的能力。通常地物发射电磁辐射的能力以发射率作为衡量标准，地物的发射率以黑体辐射作为基准。因此，在介绍地物发射光谱特性之前，先介绍有关的黑体辐射及电磁辐射的物理量。

1. 黑体辐射

所谓黑体，是一个完全的辐射吸收和辐射发体，即在任何温度下，对所有波长的辐射都能完全吸收，同时能够最大限度地把热能变成辐射能的理想辐射体。黑体是研究物体发射的计量标准，自然界中并不存在绝对黑体，实用的黑体是由人工方法制成的。

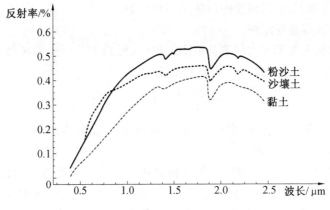

图 1.7　三种土壤反射波谱曲线

根据对大量实验数据的研究发现,黑体的辐射通量密度按波长或频率的分布是稳定的,仅与其本身的温度有关,而和黑体的材料和性质无关。不同温度下各种波长的光谱辐射能量密度如图 1.8 所示。对于上述实验结果,应用现代物理学导出关于黑体辐射的基本定律。

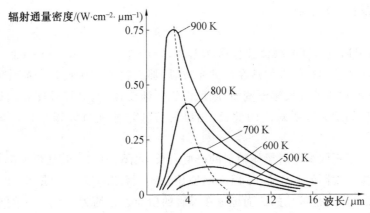

图 1.8　不同温度下各种波长的光谱辐射能量密度

(1)普朗克定律。

1900 年,普朗克(M. Planck)用量子物理的新概念,推导出热辐射定律,可用普朗克公式表示为

$$W_\lambda(\lambda, T) = \frac{2\pi hc^2}{\lambda^5} \cdot \frac{1}{\mathrm{e}^{ch/kT} - 1} \tag{1.3}$$

式中,$W_\lambda(\lambda, T)$ 为光谱辐射通量密度,单位为 $\mathrm{W}/(\mathrm{cm}^2 \cdot \mu\mathrm{m})$;$\lambda$ 为波长,单位为 $\mu\mathrm{m}$;h 为普朗克常量,$h = (6.625\ 6 \pm 0.000\ 5) \times 10^{-23}\ \mathrm{J/K}$;$c$ 为光速,$c = 3 \times 10^{10}\ \mathrm{cm/s}$;$T$ 为绝对温度,单位为 K;k 为玻耳兹曼常量,$k = (1.380\ 54 \pm 0.000\ 18) \times 10^{-23}\ \mathrm{J/K}$;$\mathrm{e}$ 为自然对数的底,$\mathrm{e} \approx 2.718$。

普朗克公式表示出了黑体辐射通量密度与温度关系以及按波长分布的情况。普朗克公式与实验求出的各种温度(如 200 ~ 6 000 K)下的黑体辐射波谱曲线(图 1.8)相吻合。

由普朗克公式可知,在给定的温度下,黑体的光谱辐射是随波长而变化的,同时温度越高,辐射通量密度也越大,不同温度的曲线是不相交的。

（2）斯特藩－玻耳兹曼定律。

将普朗克公式从零到无穷大的波长范围内积分,得到单位面积的黑体辐射到半球空间里的总辐射能量密度,就是斯特藩－玻耳兹曼定律,即

$$W_0 = \left(\frac{2\pi^5 \cdot k^4}{15c^2 h^2}\right) T^4 = \sigma T^4 \tag{1.4}$$

式中,W_0 为黑体总辐射通量密度,单位为 $W/(cm^2 \cdot \mu m)$;σ 为斯特藩－玻耳兹曼常量,$\sigma = (5.669\ 7 \pm 0.002\ 9) \times 10^{-12}\ W/(cm^2 \cdot K^4)$。

由斯特藩－玻耳兹曼定律可知,黑体总辐射通量密度随温度的增加而迅速增大,与温度的四次方成正比。因此,温度只要有微小变化,就会引起辐射通量密度很大的变化。在用红外装置测定温度时,就是以此定律作为理论依据的,如用红外探测装置能探测出0.01 ℃的温度变化。

（3）维恩位移定律。

从图 1.8 可以发现,黑体温度越高,其曲线的峰顶就越往左移,即往波长短的方向移动,由此可以导出另一个重要规律 —— 维恩位移定律,即黑体辐射光谱中最强辐射的波长与黑体绝对温度成反比,公式为

$$\lambda_{max} \cdot T = b \tag{1.5}$$

式中,λ_{max} 为辐射通量密度的峰值波长;b 为常数,$b = 2.897\ 8 \times 10^{-3}\ m \cdot K$。

如果一个物体的辐射最大值落在可见光波段,那么物体的颜色就会被看到。随着温度的升高,最大辐射对应的波长逐渐变短,颜色由红逐渐变蓝,蓝火焰温度高就是这个道理。只要测量出物体的最大辐射对应的波长,由维恩位移定律就可以很容易计算出物体的温度值。

表 1.5 列出了不同温度时黑体辐射的峰值波长,太阳、地球和其他恒星都可以近似看作球形的绝对黑体。太阳的 λ_{max} 是 0.47 μm,应用公式可算出有效温度是 6 150 K,正是在可见光波段,所以太阳光是可见的。而地球在温暖的白天 λ_{max} 约为 9.66 μm,可以算出温度为 300 K,9.66 μm 是在红外波段,所以地球主要发射不可见的热辐射。

表 1.5　不同温度时黑体辐射的峰值波长

T/K	273	300	1 000	2 000	3 000	4 000	5 000	6 000	7 000
$\lambda_{max}/\mu m$	10.61	9.66	2.90	1.45	0.97	0.72	0.58	0.48	0.41

上述讨论的是黑体辐射,自然界一般物体不是黑体,但在某一确定温度时,物体最强辐射所对应的波长（λ_{max}）也可以用维恩位移公式计算出近似值。例如,人体表面平均温度为 37 ℃（即 310 K）,其发射到空间的电磁辐射的峰值波长为 9.34 μm,即人体辐射的峰值波长位于热红外波段。

2.实际物体的辐射

斯特藩 — 玻耳兹曼定律和维恩位移定律只适用于黑体辐射,但是黑体辐射在自然界中是不存在的,一般地物辐射能量总要比黑体辐射能量小。实际物体在吸收了电磁辐射后,物体把吸收的能量转化又以辐射的形式发射出来,所以实际物体的辐射能力与吸收多少电磁辐射密切相关,即与实际物体的吸收能力有关。

（1）基尔霍夫定律。

1860 年，基尔霍夫得出，在给定温度下，物体对任一波长的发射本领与它的吸收本领成正比，比值与物体的性质无关，只是波长和温度的函数，其公式为

$$M_\lambda / \lambda = f(\lambda, T) \tag{1.6}$$

式中，M_λ 为物体对波长 λ 的光波出射率；λ 为波长；T 为温度。

由式（1.6）可见，好的吸收体也是好的发射体。在温度一定时，物体对某一波长的吸收能力强，则该物体发射这一波长的电磁辐射能力也强。

（2）发射率（比辐射率）。

自然界的物体都不是黑体，其吸收率永远小于 1，因此任何波长的光谱发射率总是小于同温度下黑体的光谱发射率。发射率指地物的辐射出射度（即地物单位面积发出的辐射总通量）W 与同温度黑体的辐射出射度（即黑体单位面积发出的辐射总通量）W_b 的比值，也称为"比辐射率"。发射率常用 ε 表示，公式为

$$\varepsilon = W / W_b \tag{1.7}$$

一些地物（温度 20 ℃）的发射率（8～14 μm）见表 1.6。

表 1.6　一些地物（温度 20 ℃）的发射率（8～14 μm）

目标地物	发射率	目标地物	发射率
木材（橡木平板）	0.90	石英	0.627
水（蒸馏水）	0.96	长石	0.819
冰（表面光滑）－10 ℃	0.96	花岗岩	0.780
雪－10 ℃	0.85	沙	0.90
柏油路	0.93	玄武岩	0.906
草地	0.84	大理石	0.942

地物的发射率与地物的性质、表面状况（如粗糙度、颜色等）有关，且是温度和波长的函数。同一地物，其表面粗糙或颜色较深的，发射率往往较高；表面光滑或颜色浅的，发射率则较小。不同温度的同一地物有不同的发射率（如石英在 250 K 时，$\varepsilon = 0.748$；在 500 K 时，$\varepsilon = 0.819$）。比热大，热惯量高，具有保温作用的地物，发射率大；反之，发射率就小。例如，水体在白天水面光滑明亮，表面反射强而温度较低，发射率亦较低；而到夜间，水的比热大，热惯量高，故发射率较高。地物发射率的差异也是遥感探测的基础和出支点。

根据能量守恒定律，物体的光谱吸收率＋光谱反射率＋光谱透射率＝1。对于不透明物体，透射率为 0，吸收率＋反射率＝1。

当物体反射率小时，吸收率就大，而吸收强的物体其发射辐射的能力也强，所以发射率也大；当反射率大时，发射率就小。遥感探测的主要是反射率和发射率，因此只要测得了物体反射率或反射系数，就可求得物体的发射率。

（3）地物发射波谱。

地物的发射率随波长变化的规律称为地物的发射波谱，按地物发射率与波长之间的关系绘成的曲线（横坐标为波长，纵坐标为发射率）称为地物发射波谱曲线。

通常，根据发射率与波长的关系，将地物分为以下三种类型。

① 黑体或绝对黑体。其发射率 $\varepsilon = 1$，即黑体发射率对所有波长都是一个常数，并且等于 1。

② 灰体。其发射率 $\varepsilon < 1$（因吸收率 $\alpha < 1$）且为常数，即灰体的发射率始终小于 1，ε 不

随波长变化。

③ 选择性辐射体。其发射率随波长而变化,且 $\varepsilon < 1$(吸收率 α 也随波长而变化且 $a < 1$)。

自然界中的地物均不是黑体,一般金属材料都可近似看成灰体,在红外遥感传感器设计中可以把一些红外辐射体看成灰体,所以自然界的地物大多是选择性辐射体。

表 1.7 是若干种岩石的发射波谱曲线。从图中可见硅酸盐矿物的吸收峰值主要出现在 $9 \sim 11 \mu m$ 波段。岩石中二氧化硅(SiO_2)的含量对发射光谱的特征有直接的影响。随着岩石中 SiO_2 含量的减小,发射率的最低值(吸收的最大值)向长波方向迁移。其中,英安岩吸收带位于 $9.3 \mu m$ 附近(SiO_2 含量为 68.72%);粗面岩(SiO_2 含量为 68.60%)强吸收带位于 $9.6 \mu m$ 附近;霞石玄武岩和蛇纹岩(SiO_2 含量各为 40.32%、39.14%)强吸收带则分别在 $10.8 \mu m$ 附近和 $11.3 \mu m$ 附近。这种岩石的发射光谱特征正是岩石的热红外遥感探测波段的选择依据。

表 1.7 若干种岩石的发射波谱曲线

岩石名称	SiO_2 含量 /%	发射波谱曲线
英安岩	68.72	
辉石细晶岩	68.00	
流纹浮岩	67.30	
花岗片麻岩	68.14	
粗面岩	68.60	
石英正长岩	65.20	
安山石	62.31	
霞石正长岩	50.39	
石英玄武岩	57.25	
紫苏安山岩	56.19	
石英闪长岩	54.64	
辉石闪长岩	55.80	
石榴石灰长岩	52.31	
辉长岩	52.05	
片岩	51.88	
辉绿岩	51.78	
玄武岩	51.36	
斜长石玄武岩	49.69	
方沸碱辉岩	47.82	
角闪辉长岩	46.85	
橄榄岩	41.00	
橄榄辉长岩	40.42	
霞石玄武岩	40.32	
蛇纹岩	39.14	
超基橄榄岩	36.80	

三、辐射传输基础

太阳辐射通过地球大气照射到地面,经过地面物体反射后,又要经过大气层才能被航空或航天平台上的传感器接收。因此,电磁辐射与大气的相互作用对遥感影响很大,主要表现为吸收、散射、反射和透射作用。

(一) 大气成分与结构

1.大气成分

地球大气是由多种气体及固态、液态悬浮的微粒混合组成的。大气中的主要气体包括 N_2、O_2、H_2O、CO、CO_2、N_2O、CH_4 及 O_3。此外,悬浮在大气中的微粒有尘埃、冰晶、水滴等,这些弥散在大气中的悬浮物统称为气溶胶,形成霾、雾和云。以地表面为起点,在 80 km 以下的大气中,除 H_2O、O_3 等少数可变气体外,各种气体均匀混合,所占比例几乎不变,所以把 80 km 以下的大气层称为均匀层。在该层中,大气物质与太阳辐射相互作用是导致太阳辐射衰减的主要原因。

2.大气结构

地球大气层包围着地球,大气层没有一个确切的界限,它的厚度一般取 1 000 km,在垂直方向上有层次的区别。大气自下而上大致分为对流层、平流层、电离层和外大气层(散逸层),各层之间逐渐过渡,没有明显的界线。

(1)对流层。对流层内经常发生气象变化,是现代航空遥感主要活动的区域。大气条件及气溶胶的吸收作用使电磁波传输减弱,因此在遥感中侧重研究电磁波在该层内的传输特性。

(2)平流层。平流层没有明显的对流,是几乎没有天气现象的一层。在该层内电磁波的传输特性与对流层内的传输特性是一样的,只不过电磁波传输表现较为微弱。平流层有对人类十分重要的臭氧层,由于臭氧层对紫外光的吸收,因此在地面上观测不到 0.29 μm 波长的太阳辐射。

(3)电离层。电离层中大气十分稀薄,处于电离状态,故称为电离层。该层内气温随高度增加而急剧递增。该层对遥感使用的可见光、红外直至微波波段的影响较小,基本上是透明的。正因如此,无线电波才能绕地球做远距离传递。电离层受太阳活动影响较大,它是人造地球卫星绕地球运行的主要空间。

(4)外大气层。外大气层距地面 1 000 km 以上直至扩展到几万千米,与星际空间融合为一体。该层内空气极为稀薄,并不断地向星际空间散逸,该层对卫星运行基本上没有影响。

(二) 大气对太阳辐射的影响

太阳辐射进入地球之前必然要通过大气层,太阳辐射与大气相互作用的结果使能量不断减弱,约 30% 被云层和其他大气成分反射回宇宙空间,约 17% 被大气吸收,约 22% 被大气散射,仅有 31% 的太阳辐射辐射到地面。其中,反射作用影响最大,这是因为云层的反射对电磁波各波段均有强烈影响,造成对遥感信息接收的严重障碍。因此,目前在大多数遥感方式中都只考虑无云天气情况下的大气散射、吸收的衰减作用。

1.大气的反射作用

电磁波传播过程中的反射现象主要发生在云层顶部，取决于云量和云雾，使用波段不同，其影响不同。因此，若不是专门研究云层，应尽量选择无云的天气接收遥感信号，使大气反射率最小。

2.大气的吸收作用

太阳辐射通过大气层时，大气层中某些成分对太阳辐射产生选择性吸收，即把部分太阳辐射能转换为本身内能，使温度升高。由于各种气体及固体杂质对太阳辐射波长的吸收特性不同，有些波段能通过大气层到达地面，而另一些波段则全部被吸收而不能到达地面。因此，形成了许多不同波段的大气吸收带。图 1.9 为大气中几种主要成分对太阳辐射的吸收率。

（1）氧气（O_2）。

大气中 O_2 含量约占 21%，主要吸收小于 $0.2~\mu m$ 的太阳辐射能量，在波长 $0.155~\mu m$ 处吸收最强，由于 O_2 的吸收，在低层大气内几乎观测不到小于 $0.2~\mu m$ 的紫外线，在 $0.6~\mu m$ 和 $0.76~\mu m$ 附近各有一个窄吸收带，吸收能力较弱。因此，在高空遥感中很少应用紫外波段。

（2）臭氧（O_3）。

大气中 O_3 的含量很少，只占 $0.01% \sim 0.1%$，但对太阳辐射能量吸收很强。O_3 有两个吸收带：① 波长 $0.2 \sim 0.36~\mu m$ 的强吸收带；② 波长为 $0.6~\mu m$ 和 $9.6~\mu m$ 附近的吸收带，该吸收带处于太阳辐射的最强部分，因此该带吸收最强。O_3 主要分布在 $30~km$ 高度附近，因此对高度小于 $10~km$ 的航空遥感影响不大，而主要对航天遥感有影响。

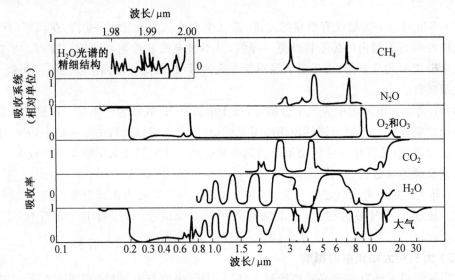

图 1.9　大气中几种主要成分对太阳辐射的吸收率

（3）水（H_2O）。

H_2O 在大气中以气态和液态的形式存在，它是吸收太阳辐射能量最强的介质。从可见光、红外直至微波波段，到处都有 H_2O 的吸收带，主要吸收带是处于红外和可见光中的红光波段，其中红外部分吸收最强。例如，在 $0.5 \sim 0.9~\mu m$ 有四个窄吸收带，在 $0.95 \sim 2.85~\mu m$

有五个宽吸收带。此外，在 $6.25~\mu m$ 附近有个强吸收带。因此，H_2O 对红外遥感有很大影响，而且 H_2O 的含量随时间、地点而变化。

（4）二氧化碳（CO_2）。

大气中 CO_2 含量很少，占 0.03%，它的吸收作用主要在红外区内。例如，在 $1.35\sim2.85~\mu m$ 有三个宽弱吸收带，另外在 $2.7~\mu m$、$4.3~\mu m$ 与 $14.5~\mu m$ 处为强吸收带。由于太阳辐射在红外区能量很少，因此对太阳辐射而言，这一吸收带可忽略不计。

图 1.9 最下面一条曲线综合了大气几种主要分子的吸收作用，反映出大气吸收带的分布规律。对比图 1.3 中最下面一条曲线，即海平面上太阳辐照度曲线，曲线形态正好相反，海平面上辐照度减小部分正是吸收率高的波谱段。在遥感中为了减少大气吸收对遥感探测的影响，一般选择吸收率低的波段进行探测，即遥感中的大气窗口。

3.大气的散射作用

辐射在传播过程中遇到小微粒而使传播方向改变，并向各个方向散开，称为散射（scattering）。散射使原传播方向的辐射强度减弱，而使其他各方向的辐射增强。太阳辐射在照到地面又反射回传感器的过程中，两次通过大气从而影响电磁辐射。在入射光照射地面时，由于散射使入射到地面时除了原有太阳直接辐射的部分，还增加了散射导致的漫入射成分，因此反射的辐射成分有所改变；返回到传感器的时候，除反射光外还增加了散射光进入到传感器。不同的散射影响，增加了信号中的噪声成分，造成了图像质量的下降。因此，在图像处理时必须对图像进行辐射校正。

根据辐射波长与散射微粒大小之间的关系，散射作用可分为瑞利散射、米氏散射和非选择性散射三种。

（1）瑞利散射。

当微粒的直径比辐射波长小得多时，散射为瑞利散射（Rayleigh scattering）。瑞利散射主要是由大气分子对可见光的散射引起的，所以也叫作分子散射。由于散射系数与波长的四次方成反比，当波长大于 $1~\mu m$ 时，瑞利散射基本上可以忽略不计，因此红外线、微波可以不考虑瑞利散射的影响。但对可见光来说，由于波长较短，因此瑞利散射影响较大。例如，晴朗天空呈碧蓝色，就是大气中的气体分子把波长较短的蓝光散射到天空中的缘故。

（2）米氏散射。

当微粒的直径与辐射波长差不多时称为米氏散射（Mie scattering），它是由大气中气溶胶引起的散射。由于大气中云、雾等悬浮粒子的大小与 $0.76\sim15~\mu m$ 的红外线的波长差不多，因此云、雾对红外线的米氏散射是不可忽视的。

（3）非选择性散射。

当微粒的直径比辐射波长大得多时所发生的散射称为非选择性散射（nonselective scattering）。此散射与波长无关，即任何波长散射强度相同。大气中的水滴、雾、烟、尘埃等气溶胶会导致非选择性散射。常见的云或雾都是由比较大的水滴组成的，云或雾之所以看起来呈白色，是因为它对各种波长的可见光散射均是相同的。对近红外、中红外波段来说也属非选择性散射，这种散射将使传感器接收到的数据产生严重的衰减。

综上所述，太阳辐射的衰减主要是由于散射造成的，散射衰减的类型和强弱主要与波长密切相关。在可见光和近红外波段，瑞利散射是主要的。当波长超过 $1~\mu m$ 时，可忽略瑞利散射的影响。米氏散射对近紫外直到红外波段的影响都存在,因此,在短波中瑞利散射与米氏散射相当,但在当波长大于 $0.5~\mu m$ 时,米氏散射超过了瑞利散射的影响。在微波波段,由于波长比云中小雨滴的直径还要大,小雨滴对微波波段的散射属于瑞利散射,因此,微波有极强的穿透云层的能力。而红外辐射穿透云层的能力虽然不如微波,但比可见光的穿透能力大 10 倍以上。太阳光通过大气要发生散射和吸收,地物反射光在进入传感器前还要再经过大气并被散射和吸收,这将造成遥感图像的清晰度下降。因此,在选择遥感工作波段时,必须考虑到大气层的散射和吸收的影响。

(三) 大气窗口

综上所述,大气层的反射、吸收和散射作用削弱了大气层对电磁辐射的透明度。电磁辐射与大气相互作用产生的效应使得能够穿透大气的辐射局限在某些波长范围内。通常把通过大气而较少被反射、吸收或散射的透射率较高的电磁辐射波称为大气窗口(atmospheric windows),如图 1.10 所示。

因此,遥感传感器选择的探测波段应包含在大气窗口之内,目前常用的光谱波段主要如下。

(1)$0.3 \sim 1.3~\mu m$,即紫外、可见光、近红外波段。这一波段是摄影成像的最佳波段,也是许多卫星传感器扫描成像的常用波段,如 Landsat 卫星 TM 影像的 $1 \sim 4$ 波段和 SPOT 卫星的 HRV 波段等。

(2)$1.5 \sim 1.8~\mu m$、$2.0 \sim 3.5~\mu m$,即近、中红外波段。在白天日照条件好的时候扫描成像常用这些波段,如 TM 的 5、7 波段等用以探测植物含水量以及云雪或用于地质制图。

(3)$3.5 \sim 5.5~\mu m$,即中红外波段,物体的热辐射较强。这一区间除了地面物体反射太阳辐射外,地面物体也有自身的发射能量,如 NOAA 卫星的 AVHRR 传感器用 $3.55 \sim 3.93~\mu m$ 探测海面温度,获得昼夜云图。

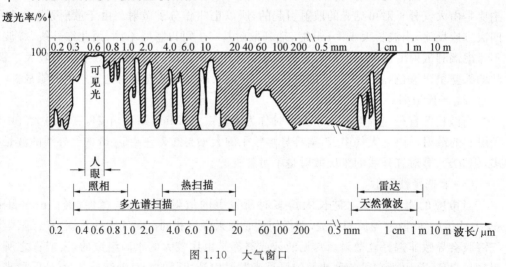

图 1.10 大气窗口

(4)$8 \sim 14~\mu m$,即远红外波段。主要来自物体热辐射能量,适于夜间成像,测量探测目标的地物温度。

(5)$0.8 \sim 2.5~cm$,即微波波段。由于微波具有穿云透雾的能力,因此这一区间可以全天候工作。用于由其他窗口区间的被动遥感工作方式过渡到主动遥感的工作方式,如侧视雷达影像和 Radarsat 的卫星雷达影像等,其常用的波段为 0.8 cm、3 cm、5 cm、10 cm,有时也可将该窗口定为 0.05 ～ 300 cm 波段。

思　考　题

1.详细叙述遥感的广义、狭义概念。

2.叙述遥感技术的特点。

3.叙述遥感未来发展趋势。

4.根据查阅的文献,详细阐述我国遥感应用。

5.遥感探测中常用电磁波谱有哪些波段? 各波段具有什么特点?

6.根据太阳辐照度分布曲线(图 1.3)分析海平面与大气上界能量变化的特点与原因。

7.根据太阳辐射与地球辐射的特点分析遥感探测各波段的主要能量来源。

8.什么是地物的反射波谱曲线? 根据图 1.4 分析雪、沙漠、湿地和小麦的反射波谱特征。

9.地物反射波谱曲线在遥感探测中具有什么意义和作用?

10.植被的反射波谱曲线具有哪些特点?

11.什么是地物的发射波谱曲线? 主要应用于哪些方面的探测?

12.大气对太阳辐射有哪些方面的影响? 目前的遥感探测技术如何避免和减少大气对遥感探测的影响?

13.大气散射现象有几种类型? 不同散射类型有什么特点,对遥感探测有何影响?

14.什么叫大气窗口? 大气窗口对遥感探测具有什么意义?

项目二　　遥感技术系统

任务一　　遥感平台及运行特点

本任务主要介绍遥感平台种类、平台姿态、卫星轨道等基础知识,着重介绍典型的陆地资源卫星平台 Landsat 卫星轨道特征、Landsat 卫星的传感器和数据参数特征。通过重点和系统的介绍学生可以对遥感平台有全面深入的了解,为以后的学习奠定基础。

一、遥感平台的种类

遥感中搭载传感器的工具统称为遥感平台(platform)。遥感平台的种类很多,按平台距地面的高度大体上可分为地面平台、航空平台和航天平台三类。

(一)地面平台

地面平台指用于安置遥感器的三脚架、遥感塔、遥感车等,高度在 100 m 以下。通常三脚架的放置高度在 0.75～2.0 m,在三脚架上放置地物波谱仪、辐射计、分光光度计等地物光波测试仪器,用以测定各类地物的野外波谱曲线。遥感车、遥感塔上的悬臂可以伸展到 6～10 m 甚至更高的高度上,对地物进行波谱测试,获取地物的综合波谱特性。为了便于研究波谱特性与遥感影像之间的关系,也可将成像传感器置于同高度的平台上,在测定地物波谱特性的同时获取地物的影像。

(二)航空平台

航空平台主要指高度在 30 km 以内的遥感飞机等。按照飞机飞行高度的不同,又可分为低空平台、中空平台和高空平台。

(1)低空平台。是在离地面 2 000 m 以内的对流层下层飞行的。航空飞机在此高度上飞行,是为了获取中比例尺或大比例尺航空遥感图像。一般来说,直升机可以进行离地 10 m 以上的遥感,侦察飞机可以在 300～500 m 的高度上实施低空遥感,而遥感试验通常在 1 000～1 500 m 的高度范围内进行。

(2)中空平台。是在离地面 2 000～6 000 m 之间的对流层中层飞行的。通常使用这种高度的平台获取中比例尺或小比例尺的航空遥感图像。

(3)高空平台。是在离地面 12 000 m 左右的对流层顶层和同温层下层中飞行的。军用高空侦察飞机以及部分用于航空遥感的有人驾驶飞机一般在此高度上飞行,而一般的航空遥感飞机达不到这个高度。无人驾驶飞机的飞行高度一般在 20 000～30 000 m。

1.无人机

无人机遥感是利用先进的无人驾驶飞行器技术、遥感传感器技术、遥测遥控技术、通信技术、GPS 差分定位技术和遥感应用技术,具有自动化、智能化、专用化等特点,能快速获取国土、资源、环境等空间遥感信息,完成遥感数据处理、建模和应用分析的应用技术。无人机遥感系统具有机动、快速、经济等优势,且能够获得 0.1 m 高分辨率影像数据,已经成为世界各国争相研究的热点课题,现已逐步从研究开发阶段发展到实际应用阶段,成为未来的主要航空遥感技术手段之一。

按照系统组成和飞行特点,无人机可分为固定翼型无人机、无人驾驶直升机两大类。

(1)固定翼型无人机。通过动力系统和机翼的滑行实现起降和飞行,能同时搭载多种遥感传感器。固定翼型无人机的起飞方式有滑行、弹射、车载、火箭助推和飞机投放等;降落方式有滑行、伞降和撞网等。固定翼型无人机的起降需要比较空旷的场地,比较适合矿山资源监测、林业和草场监测、海洋环境监测、污染源及扩散态势监测、土地利用监测,以及水利、电力等领域的应用。

(2)无人驾驶直升机。能够定点起飞、降落,对起降场地的条件要求不高,通过无线电遥控或机载计算机实现程控。无人驾驶直升机的结构相对来说比较复杂,操控难度较大,种类有限,主要应用于突发事件的调查,如单体滑坡勘查、火山环境的监测等领域。

2.遥感传感器

根据不同类型的遥感任务,使用相应的机载遥感设备,如高分辨率 CCD 数码相机、轻型光学相机、多光谱成像仪、红外扫描仪、激光扫描仪、磁测仪、合成孔径雷达等。使用的遥感传感器应具备数字化、体积小、质量轻、精度高、存储量大、性能优异等特点。

3.数据后期处理

无人机遥感系统多使用小型数字相机(或扫描仪)作为机载遥感设备,与传统的航片相比,存在像幅较小、影像数量多等问题,针对其遥感影像的特点以及相机定标参数、拍摄(或扫描)时的姿态数据和有关几何模型对图像进行几何和辐射校正,开发出相应的软件进行交互式的处理。同时还有影像自动识别和快速拼接软件,实现影像质量、飞行质量的快速检查和数据的快速处理,以满足整套系统实时、快速的技术要求。进一步的建模、分析使用相应的遥感图像处理软件。

(三)航天平台

航天平台指高度在 150 km 以上的人造地球卫星、宇宙飞船、空间轨道站和航天飞机等。在航天平台上进行的遥感是航天遥感。航天遥感可以对地球进行宏观的、综合的、动态的和快速的观察,目前对地观测中使用的航天平台主要是遥感卫星。

人造地球卫星目前在地球资源调查和环境监测中起着主要作用,是航天遥感中应用最广泛的遥感平台。按人造地球卫星运行轨道的高度和寿命分类,可以把卫星分为以下三种类型。

1.低高度、短寿命卫星

轨道高度为 150～350 km,寿命只有几天到几十天,可获得较高地面分辨率的图像,多数用于军事侦察,最近发展的高空间分辨率小卫星遥感多采用此类卫星。

2.中高度、长寿命卫星

轨道高度为 350～1 800 km,寿命在 1 年以上,一般为 3～5 年。属于这类的有陆地卫星、海洋卫星、气象卫星等,是目前遥感卫星的主体。

3.高高度、长寿命卫星

也称为地球同步卫星或静止卫星,高度约为 36 000 km,寿命更长。这类卫星已大量用作通信卫星、气象卫星,也用于地面动态监测,如监测火山、地震、林火及预报洪水等。

这三种类型的卫星各有优缺点。其中,高高度、长寿命卫星的突出特点是在一定周期内,对地面的同一地区可以进行重复探测。在这类卫星中,气象卫星以研究全球大气要素为目的,海洋卫星以研究海洋资源和环境为目的,陆地卫星以研究地球资源和环境动态监测为目的。这三者构成了地球环境卫星系列,它们在实际应用中相互补充,使人们对大气、陆地和海洋等能从不同角度以及它们之间的相互联系来研究地球或某一个区域各地理要素之间的内在联系和变化规律。

二、遥感平台的姿态

遥感卫星在太空中飞行时受各种因素的影响,其姿态是不断变化的,这使得它所搭载的传感器在获取地表数据时不能始终保持设定的理想状态,从而对所获取的数据质量有很大的影响。为了修正这些影响,必须在获取地表数据的同时测量、记录遥感平台的姿态数据。

(一)遥感平台的姿态

遥感平台的姿态是指平台坐标系相对于地面坐标系的倾斜程度,常用三轴的旋转角度来表示。

1.三轴倾斜

三轴倾斜是指遥感平台在飞行过程中发生的滚动、俯仰和偏航现象。定义平台质心为坐标原点,沿轨道前进方向的切线方向为 x 轴,垂直轨道面的方向为 y 轴,垂直 xy 平面方向为 z 轴,则遥感平台姿态三轴倾斜为:绕 x 轴旋转的姿态角称为滚动或侧滚,即横向摇摆;绕 y 轴旋转的姿态角称为俯仰,即纵向摇摆;绕 z 轴旋转的姿态角称为偏航,即偏移(图 2.1)。由于在遥感成像过程中存在这三种现象,因此获得的遥感影像的像平面坐标系与星下点的地球切面不平行,而存在遥感影像所谓三个姿态角。

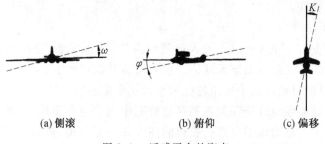

(a) 侧滚　　　　　　　(b) 俯仰　　　　　　　(c) 偏移

图 2.1　遥感平台的姿态

2.振动

振动是指遥感平台运行过程中除滚动、俯仰与偏航以外非系统性的不稳定振动现象。振动对传感器的姿态有很大影响,但这种影响是随机的,很难在遥感影像定位处理时准确地消除。

(二)遥感平台姿态的测定

在使用摄像机的情况下,因为拍摄的是瞬时图像,在一张图像内由上述原因引起的失真并不是很大问题。但在扫描成像的情况下,其图像是随时间序列变化的数据,所以位置、倾斜等时间性变化对扫描图像有很大的影响。为此,必须在平台上搭载姿态测量传感器和记录仪。

1. 飞机平台姿态测量仪器

在飞机上,位置和三轴倾斜的时间变化很快,要精确测量这些变化是不可能的,所以要精确地进行几何校正也很困难。

飞机上搭载的典型姿态测量传感器及记录仪包括速度表、高度表(气压式、电波式、激光式)、陀螺罗盘、多普勒雷达(高度测量器)、GPS(用于测量位置)、陀螺水平仪(水平稳定器)、电视摄像机、飞行记录器(航线、速度、滚动、俯仰、偏航的记录装置)等。

2. 卫星平台姿态测量仪器

确定卫星姿态的常用方法有两种:利用姿态测量传感器进行测量、利用星相机测定姿态角。

卫星姿态角的三轴倾斜参数可以用姿态测量仪来测量,用于空间姿态测量的仪器有红外姿态测量仪、星相机、陀螺姿态仪等,美国 Landsat 卫星上使用的 AMS 姿态测量传感器就属于红外姿态测量。一台仪器只能测量一个姿态角,对于滚动和俯仰两个姿态角,需用两台姿态测量仪测定。偏航可用陀螺仪测定。AMS 测定姿态角的精度为 ±0.07°。美国 IKONOS 卫星上使用的恒星跟踪仪和激光陀螺对卫星成像时的姿态进行测量,能提供较精确的卫星姿态信息。

使用 GPS 测定姿态时,将三台 GPS 接收机装在成像仪上,且同时接收四颗以上的 GPS 卫星信号,从而解算成像仪的三个姿态角。

使用星相机测定姿态角的方法是将星相机与地相机组装在一起,二者的光轴交角为 90°～150°,在对地成像的同时,星相机对恒星摄影,并精确记录卫星运行时刻,再根据星历表、相机标准光轴指向等数据解算姿态角,但要求每次至少要摄取三颗以上的恒星。

三、卫星的轨道

1. 地球同步轨道

地球同步轨道的运行周期等于地球的自转周期,即卫星与地球转动的角速度相同,其传感器总是朝向地球固定的位置,如果从地面上各地方看过去,卫星在赤道上的一点是静止不动的,所以又称为静止轨道(图 2.2)。地球静止轨道上的卫星的高度很大,大约为 36 000 km,因此可以对地球上特定区域进行不间断的重复观测,并且观测的范围很大,被广泛应用于气象和通信领域中。

2. 太阳同步轨道

太阳同步轨道指卫星的轨道面绕地球的自转轴旋转,旋转方向与地球的公转方向相同,并且旋转的角速度等于地球公转的平均角速度,即卫星的轨道面始终与当时的地心－日心连线保持恒定的角度(图 2.3)。因此,在太阳同步轨道上,卫星经过同一纬度的任何地点的地方时是相同的,这样就保证了太阳的入射角几乎是固定的,这对于利用太阳反射光的被动式传感器来说,可以在近似相同的光照条件下获取同一地区不同时间的遥感图像,对监测同一地区的地表变化非常有益。

太阳同步轨道通常属于近极轨道,即卫星旋转道的方向与地球自转的方向接近垂直,轨道面接近南北极方向。采用近极轨道有利于卫星在一段时间内获取包括南北极在内的覆盖全球的遥感影像。

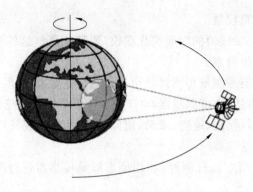

图 2.2　地球同步轨道示意图

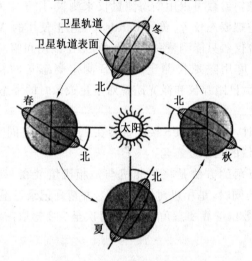

图 2.3　太阳同步轨道示意图

四、主要遥感卫星简介

（一）陆地卫星

1. Landsat 卫星系列

（1）Landsat 卫星系列概述。

1967 年，美国国家航空航天局（NASA）制定了地球资源技术卫星计划，即 ERTS 计划，预定发射 6 颗地球资源环境卫星，以获取全球资源环境数据。1972 年 7 月，第一颗地球资源技术卫星 ERTS－1 成功发射，之后 NASA 将 ERTS 计划更名为陆地卫星计划（Landsat 计划）。到目前为止，NASA 先后发射了 8 颗 Landsat 系列卫星，对地球连续观测达 40 多年，记录了地球表面的大量数据，扩大了人类的视野，已成为环境与资源调查、评价与监测的重要信息源。Landsat 系列卫星简况见表 2.1。

表 2.1 Landsat 系列卫星简况

	卫星名称	发射日期	终止日期	传感器	卫星高度 /km	重访周期 / 天
第一代	Landsat－1	1972 年 07 月 23 日	1978 年 01 月 06 日	RBV/MSS	915	18
	Landsat－2	1975 年 01 月 22 日	1982 年 02 月 25 日			
	Landsat－3	1978 年 03 月 05 日	1983 年 03 月 31 日			
第二代	Landsat－4	1982 年 07 月 16 日	2001 年 06 月 15 日	MSS/TM	705	16
	Landsat－5	1984 年 03 月 01 日	2011 年 11 月 18 日 因放大器故障 停止获取影像, 2013 年 01 月 06 日 归于沉寂	TM		
第三代	Landsat－6	1993 年 10 月 05 日	1993 年 10 月 05 日 发射失败	ETM		
	Landsat－7	1999 年 04 月 15 日	2003 年 05 月 31 日 SLC Off(机载扫描 行校正器故障), 目前仍在轨运行	ETM＋		
第四代	Landsat－8	2013 年 02 月 11 日	2013 年 03 月 18 日 获取第一景影像, 目前仍在轨运行	OLI/TIRS		

（2）Landsat 卫星轨道特征。

Landsat 卫星在 700～920 km 的高度上运行，属于中等高度卫星。若卫星飞行太低，大气摩擦作用会降低卫星寿命，缩短卫星的运行周期；若卫星飞行过高，分辨率又难以达到要求，所以中等高度对资源遥感卫星来说是最适宜的。Landsat 卫星的轨道偏心率不大，接近于圆形，这种近圆形轨道能使在不同地区获取的图像比例尺基本一致。此外，近圆形轨道使卫星的运行速度接近匀速，便于扫描仪用固定频率对地面扫描成像，同时可以避免扫描行之间出现图像不衔接的现象。Landsat 卫星的轨道距两极上空较近，故称为近极地轨道。该轨道与赤道基本垂直，以保证尽可能覆盖整个地球表面。

Landsat 卫星采用太阳同步、准回归轨道。太阳同步轨道能使卫星以同一地方时飞过成像地区上空，成像地区在每次成像时都能获得基本相同的光照条件，便于图像的对比分析。此外，太阳同步轨道对卫星工程设计和遥感仪器工作也非常有利。卫星轨道有回归轨道和准回归轨道之分，由于遥感器的视场角不能太大，因此为了获得全球覆盖，Landsat 卫星采用准回归轨道，回归周期为 8 天或 16 天。

（3）Landsat 卫星的传感器和数据参数。

Landsat 系列卫星搭载的传感器有反束光导摄像机（RBV）、多光谱扫描仪（MS）、专题制图仪（TM）三种。Landsat－1、Landsat－2、Landsat－3 上载有 RBV 和 MSS，Landsat－4、Landsat－5 装载 TM 和 MS，Landsat－7 上装有 ETM＋。

① 反束光导摄像机。反束光导摄像机（RBV）实质上是一台对象扫描的电视摄像机，由镜头、快门、滤光片、反束光导管及电子控制装置等组成。工作时，首先将所摄取的景物由其

光学系统聚焦成像在靶面上,靶面是由半导体材料制成,随光照程度不同而呈现出不同的电阻特性,这样一幅光电图像即在靶面上转换成电位高低不同的电子图像;然后利用电子图像在靶面上停留的一段时间(约 1/10 s),用相应的受控电子束扫描靶面,经传输、转换即可得到该景物的 RBV 图像。工作时,RBV 三个不同波谱段的摄像镜头对准地面的同一区域,曝光成像、读出、再移至下一摄像点。因此,每幅图像是由清除(即清除上一次成像的图像)、准备、曝光、读出四个步骤完成的。

② 多光谱扫描仪。多光谱扫描仪(MSS)是陆地卫星 Landsat 上装载的一种多光谱光学机械扫描仪,由扫描反射镜、校正器、聚光系统、旋转快门、像板、光学纤维、滤光器、探测器等组成。当卫星在向阳面从北向南飞行时,MSS 以星下点为中心自西向东在地面上扫描 185 km,此时为有效扫描,可得到地面 185 km×475 m 的一个窄条的信息;接着 MSS 进行自东向西的回扫,此时为无效扫描,不获取信息。这样,卫星在向阳面自北向南飞行时,共获得以星下点轨迹为中轴,东西宽 185 km,南北长约 20 000 km 的一个地面长带的信息。

③ 专题制图仪。专题制图仪(TM)是在 MSS 基础上改进发展而成的第二代多光谱光学机械扫描仪。TM 采取双向扫描,正扫和回扫都有效,提高了扫描效率,缩短了停顿时间,提高了检测器的接收灵敏度。

Landsat−8 于 2013 年 2 月 11 日发射,传感器为新一代 OLI 和 TIRS,共 11 个波段。Landsat−5 退役;Landsat−6 发射失败;Landsat−7 于 2003 年发生故障,导致此后获取的图像出现了数据多带丢失,官方网站提供条带修复方法,通过相关入口,用户可以直接提交数据修复需求并免费下载数据修复结果。Landsat 在轨卫星传感器简表见表 2.2。

TM 光谱段的作用如下。

TM1:0.45～0.52 μm,蓝波段。对水体穿透力强,对叶绿素与叶色素浓度反映敏感,有助于判别水深、水中叶绿素分布、沿岸水和进行近海水域制图等。

TM2:0.52～0.60 μm,绿波段。对健康茂盛植物绿反射敏感,对水的穿透力较强。用于探测健康植物绿色反射率,按"绿峰"反射评价植物生活力,区分林型、树种和反映水下特征等。

TM3:0.63～0.69 μm,红波段,为叶绿素的主要吸收波段。反映不同植物的叶绿素吸收、植物健康状况,用于区分植物种类与植物覆盖度。其信息量大,为可见光最佳波段,广泛应用于地貌、岩性、土壤、植被、水中泥沙流等方面的观测。

TM4:0.76～0.90 μm,近红外波段。对绿色植物类别差异最敏感(受植物细胞结构控制),为植物通用波段,用于生物量调查、作物长势测定、水域判别等。

TM5:1.55～1.75 μm,中红外波段。处于水的吸收带(1.4～1.9 μm)内,反映含水量敏感,用于土壤湿度、植物含水量调查、水分状况的研究及作物长势分析等,从而提高区分不同作物类型的能力。此外,易于区分云和雪。

TM6:10.4～12.5 μm,热红外波段。可以根据辐射响应的差别,区分农、林覆盖类型,辨别地面湿度、水体、岩石,监测与人类活动有关的热特征,进行热制图。

TM7:2.08～2.35 μm,中红外波段。此为地质学家增加的波段,处于水的强吸收带,水体呈黑色,可用于区分主要岩石类型和岩石的水热蚀变,探测与岩石有关的黏土矿物等。

表 2.2　Landsat 在轨卫星传感器简表

卫星名称	传感器	通道号	波长范围 /μm	空间分辨率
Landsat － 7	ETM＋	1	0.450 ～ 0.515	30 m × 30 m
		2	0.525 ～ 0.605	
		3	0.630 ～ 0.690	
		4	0.775 ～ 0.900	
		5	1.550 ～ 1.750	
		6	10.40 ～ 12.50	60 m × 60 m
		7	2.090 ～ 2.35	30 m × 30 m
		8	0.520 ～ 0.900	15 m × 15 m
Landsat － 8	OLI	1(Costal)	0.43 ～ 0.45	30 m × 30 m
		2(Blue)	0.45 ～ 0.51	
		3(Green)	0.53 ～ 0.59	
		4(Red)	0.64 ～ 0.67	
		5(NIR)	0.85 ～ 0.88	
		6(SWIR1)	1.57 ～ 1.65	
		7(SWIR2)	2.11 ～ 2.29	
		8(Pan)	0.50 ～ 0.68	15 m × 15 m
		9(Cirrus)	1.36 ～ 1.38	30 m × 30 m
	TIRS	10(RIRS1)	10.6 ～ 11.19	100 m × 100 m
		11(TIRS2)	11.5 ～ 12.51	

2. SPOT 卫星系列

(1)SPOT 卫星系列概述。

SPOT 对地观测卫星系统是由法国空间研究中心联合比利时和瑞典等一些欧洲国家设计、研制和发展起来的。为了确保服务的连续性,自 1986 年 2 月第一颗卫星 SPOT － 1 发射以来,SPOT 系统每隔几年便发射一颗卫星,迄今为止已发射 7 颗卫星,其中 SPOT － 1 和 SPOT － 3 已退役。2012 年 9 月 9 日,SPOT － 6 成功发射;2014 年 6 月 30 日,SPOT － 7 成功发射。两星性能指标相同,均为高分辨率资源环境卫星。20 多年来,SPOT 系统已经接收、存档了上千万幅全球的卫星数据,为广大客户提供了准确、丰富、可靠、动态的地理信息源,广泛应用于制图、陆地表面的资源与环境监测、构建 DTM 和城市规划等研究领域。

SPOT 系列卫星的轨道特征与 Landsat 系列卫星相同,也属于中等高度、准圆形、近极地、太阳同步、准回归轨道。

目前正常运行的 SPOT 卫星有 SPOT － 2、SPOT － 4、SPOT － 5、SPOT － 6 和 SPOT － 7,这 5 颗卫星共同组成 SPOT 多星对地观测系统,以垂直观测和倾斜观测两种模式实现对地观测,使地球上 95％ 的地区每天都能获得 SPOT 系统中某一颗卫星的数据,大大提高了重复观测的能力,使系统重复观测的能力从单星的 26 天提高到 1 ～ 5 天。而且 SPOT 的倾斜视角观测能力能够在不同时间以不同的方向获取同一区域的两幅图像,形成立体像对,从而提供立体观测、绘制等高线、立体测图和立体显示的可能。

(2)SPOT 卫星系列的传感。

SPOT － 1、SPOT － 2、SPOT － 3 的主要成像传感器为高分辨率可见光扫描仪

（HRV）。SPOT－2除了载有两台HRV外，还有一台固体测高仪（DORIS），即卫星集成的多普勒成像与无线电定位仪。SPOT－3除两台改进型HRV和一台DORS外，还有一台极地臭氧和气溶胶测量仪（POAM－Ⅱ）。

相比于SPOT－1、SPOT－2、SPOT－3，SPOT－4和SPOT－5做了更进一步的改进。SPOT－4用HRVIR代替了HRV，HRVIR在短波红外区加了一个$1.58\sim1.75\ \mu m$的新波段，原来的全色波段（$0.50\sim0.73\ \mu m$）被现在的能同时以10 m和20 m分辨率方式工作的B2波段（$0.61\sim0.68\ \mu m$）替代。SPOT－4加载了"植被"成像装置，这是一个宽角的（2 250 km视场）地球成像装置，有着较高的辐射分辨率和1 km的空间分辨率。

SPOT－5装载了两个能够获取60 km视场的四种分辨率影像的高分辨率几何装置（HRG），还有一种能够几乎在同一时间和同一辐射条件下获取立体像对的高分辨率立体成像装置（HRS），从而保证获取高精度的数字高程模型DEM。SPOT－5上的"植被"成像装置与SPOT－4基本相同。如图2.4所示为SPOT－5传感器配置示意图，如图2.5所示为SPOT卫星。

SPOT系列卫星上HRV、HRVIR、HRG的观测参数见表2.3。

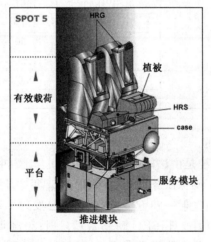

图2.4　SPOT－5传感器配置示意图

图2.5　SPOT卫星

表 2.3   SPOT 系列卫星上 HRV、HRVIR、HRG 的观测参数

卫星	传感器	波段	波长 /μm	空间分辨率 /m	现场宽度 /km
SPOT－1 SPOT－2 SPOT－3	HRV	PAN	0.50～0.73	10	60
		XS1	0.50～0.59	20	
		XS2	0.61～0.68		
		XS3	0.78～0.89		
SPOT－4	HRVIR	PAN	0.61～0.68	10	60
		B1	0.50～0.59	20	
		B2	0.61～0.68		
		B3	0.78～0.89		
		MIR	1.58～1.75		
	VEGETATION1	B0	0.45～0.52	1 000	2 200
		B2	0.61～0.68		
		B3	0.78～0.89		
		MIR	1.58～1.75		
SPOT－5	VEGETATION2	同 SPOT－4 的 VEGETATION1			
	HRG	PAN	0.49～0.69	5	60
		B1	0.50～0.59	10	
		B2	0.61～0.68		
		B3	0.78～0.89		
		MIR	1.58～1.75	20	
	HRS	PA	0.49～0.69	10	120

(3)SPOT 系列卫星的观测模式。

SPOT 系列卫星由两台 HRV(SPOT－4 是 HRVIR,SPOT－5 是 HRG)组成。HRV 系统有两种观测模式,即垂直观测模式(图 2.6)和倾斜观测模式(图 2.7)。

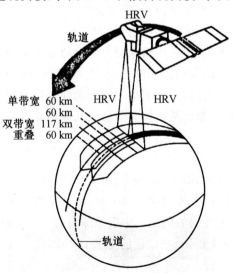

图 2.6   SPOT 的垂直观测模式

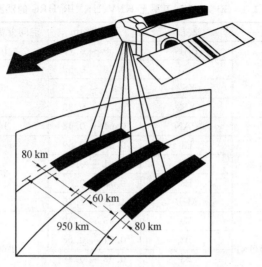

图 2.7 SPOT 的倾斜观测模式

在垂直观测模式中，两台 HRV 的瞄准轴放在正中一档方向上，与铅垂线约成 2°的角；两台 HRV 的瞄准轴处于铅垂线左右两侧。每台 HRV 的瞬时地面视场舷向宽 60 km，两台 HRV 的瞬时地面视场左右相接，中间在天底点及其附近重叠 3 km，故两台 HRV 的瞬时地面视场合成一舷向宽 117 km、航向宽仅为 20 m（或 10 m）的细长条。随着卫星的前进，此细长条也不断沿航向前进，如同一把扫帚在地面上沿航向扫描，经过一段时间后，就在地面上扫过一个舷向宽 117 km、航向长数万千米的地面探测条带，这种扫描可以称为推帚式扫描（图 2.6）。

在倾斜观测模式中，两台 HRV 的瞄准轴都调整到偏离正中档的位置上，对地面实施倾斜观测，瞬时视场也离开天底点。当瞄准轴选择最边缘的档位时，每台 HRV 的地面探测条带的舷向宽度为 80 km，如果将每台 HRV 的瞄准轴在 ±27°的角度内 91 个档位上逐一停留进行观测，可能观测到的地面舷向宽度将达 950 km 左右（图 2.7）。

这两种模式结合起来使用，使得对地面上一个特定地区的观测次数大大增加，只要在不同的轨道上将 HRV 瞄准轴调到适当的档位，就可在两条或多条卫星轨道上从不同角度观测同一指定地区。这样，一方面大大缩短了观测的间隔期，以便更迅速地掌握地面的动态变化；另一方面也可以对同一地区从不同方向摄取几幅图像，组成一个或多个立体像对进行立体观察。

3. 中巴地球资源卫星

中巴地球资源卫星（CBERS－1）由中国与巴西于 1999 年 10 月 14 日合作发射，是我国第一颗与国外联合研制的数字传输型资源卫星，填补了我国地球资源卫星的空白，结束了长期依赖国外地球资源卫星数据的历史。中巴地球资源卫星 CBERS 系列已成功发射 5 颗星：CBERS－1；CBERS－2、CBERS－2B 已退役；CBERS－2C 和 CBERS－4 正常工作。CBERS－3 发射失败。

CBERS－1 采用太阳同步轨道，轨道高度 778 km，倾角 98.5°，重复周期 26 天，相邻轨道间隔时间为 4 天，扫描带宽度为 185 km。星上搭载了 CCD 传感器、IRMSS 红外扫描仪、广角成像仪,由于提供了 20~256 m 分辨率 11 个波段不同幅宽的遥感数据,因此成为资源卫星系列中有特色的一员。CBERS-2C 星搭载 2 台 HR 相机(空间分辨率为 2.36 m,幅宽为 54 km)以及全色(PAN)与多光谱(MUX)相机(空间分辨率为 5 m 和 10 m,幅宽为 60 km)。CBERS-4 星搭载 4 台相机,分别为巴西研制的 40 m×80 m 分辨率的红外多光谱扫描仪(IRS)和 73 m 分辨率的宽视场成像仪(WFI),以及中国研制的 5 m×10 m 分辨率的 PAN 全色相机和 20 m 分辨率的 MUX 多光谱相机。

中巴地球资源卫星 CCD 相机的主要技术参数见表 2.4。从中可以看出,CCD 相机 B1、B2、B3、B4 与 Landsat 的 TM、ETM+ 相应波段的设置基本相同,但地面分辨率优于 Landsat;B5 与 SPOT 全色波段相同,与 Landsat 的 ETM+ 全色波段相近,但地面分辨率略低;红外多光谱扫描仪的 B7、B8、B9 与 Landsat TM、ETM+ 的 5、6、7 波段相同,但各个波段的地面分辨率都低于 TM、ETM+ 的相关波段。由此可见,CBERS-1 在许多方面与 Landsat 卫星和 SPOT 卫星有相似之处,有些方面的性能指标甚至优于 Landsat 卫星和 SPOT 卫星。

表 2.4 中巴地球资源卫星 CCD 相机的主要技术参数

传感器	波长 /μm	地面分辨率 /m	地面覆盖宽度 /km
CCD 相机	B1:0.45~0.521	19.5	113
	B2:0.52~0.59	19.5	113
	B3:0.63~0.691	19.5	113
	B4:0.77~0.891	19.5	113
	B5:0.51~0.731	19.5	113
红外多光谱扫描仪	B6:0.50~1.10	77.8	119.50
	B7:1.55~1.75	77.8	119.50
	B8:2.08~2.35	77.8	119.50
	B9:10.4~12.5	156	119.50
广角成像仪	B10:0.63~0.69	256	885
	B11:0.71~0.89	256	885

4.环境与灾害监测预报小卫星

该卫星于 2008 年 9 月 6 日上午 11 点 25 分成功发射,环境与灾害监测预报小卫星(HJ-1-A 卫星)搭载了 CCD 相机和超光谱成像仪(HSI),环境与灾害监测预报小卫星(HJ-1-B 卫星)搭载了 OCD 相机和红外相机(IRS)。在 HJ-1-A 卫星和 HJ-1-B 卫星上均装载的两台 CCD 相机设计原理完全相同,以星下点对称放置,平分视场,并行观测,联合完成对地刈幅宽度为 700 km、地面像元分辨率为 30 m、4 个谱段的推扫成像。HJ-1-A、HJ-1-B 卫星主要载荷参数见表 2.5。

表 2.5　HJ－1－A、HJ－1－B卫星主要载荷参数

平台	有效荷载	波段号	光谱范围 /μm	空间分辨率 /m	幅宽 /km	侧摆能力	重访时间 /天	传输数据率 /Mbps
HJ－1－A	CCD 相机	1	0.43 ～ 0.52	30	360（一台） 700（两台）	—	4	120
		2	0.52 ～ 0.60	30				
		3	0.63 ～ 0.69	30				
		4	0.76 ～ 0.90	30				
	高光谱成像仪	—	0.45 ～ 0.95 （110 ～ 128 个谱段）	100	50	±30°	4	
HJ－1－B	CCD 相机	1	0.43 ～ 0.52	30	360（一台） 700（两台）		4	60
		2	0.52 ～ 0.60	30				
		3	0.63 ～ 0.69	30				
		4	0.76 ～ 0.90	30				
	红外多光谱相机	5	0.75 ～ 1.10	150（近红外） 300（10.5 ～ 12.5 μm）	720		4	
		6	1.55 ～ 1.75					
		7	3.50 ～ 3.90			—		
		8	10.5 ～ 12.5					

5. 高分辨率陆地卫星

1994年,美国政府允许私营企业经营图像分辨率不高于1 m的高分辨率遥感卫星系统,并有条件地允许向国外提供卫星系统和销售图像。随着1 m分辨率卫星的成功发射和运营,2000年美国太空成像公司和数字全球公司又获准经营0.5 m分辨率的商业成像卫星系统。新一代高分辨卫星图像更适合于城市公用设施网和电信网的精确绘制、道路设计、设施管理、国家安全,以及需要高度详细、精确的视觉和位置信息的其他应用。当前最主要的高分辨率卫星有美国的 IKONOS、QuickBird、OrbView 等,主要高分辨率卫星参数见表2.6。

(1)IKONOS 卫星。

IKONOS 卫星于1999年9月24日发射成功,是世界上第一颗提供高分辨率卫星影像的商业遥感卫星。IKONOS 卫星的成功发射不仅创立了崭新的商业化卫星影像标准,同时通过提供1 m分辨率的高清晰度卫星影像,开拓了一种更快捷、更经济的获取最新基础地理信息的途径。

(2)QuickBird 卫星。

QuickBird 卫星于2001年10月由美国 DigitalGlobe 公司发射,是目前世界上唯一能提供亚米级分辨率的商业卫星,具有引领行业的地理定位精度和海量星上存储,单景影像比同期其他的商业高分辨率卫星高出2 ～ 10 倍,而且 QuickBird 卫星系统每年能采集 7 500 × 10^4 km² 的卫星影像数据,存档数据以很高的速度递增。在中国境内每天至少有2 ～ 3 个过境轨道,存档数据约 500 × 10^4 km²。

(3)OrbView 卫星。

GeoEye 公司的 OrbView－3卫星是世界上最早提供高分辨率影像的商业卫星之一。

OrbView－3 提供 1 m 分辨率的全色影像和 4 m 分辨率的多光谱影像。1 m 分辨率的影像能够清晰反映地面上的房屋、汽车等地物，并能生成高精度的电子地图和三维飞行场景；4 m 多光谱影像提供了彩色和近红外波段的信息，可以从高空中更深入地刻画城市、乡村和未开发土地的特征。

表 2.6　主要高分辨率卫星参数

卫星	IKONOS	QuickBird－2	OrbView－3
发射时间 轨道高度 轨道类型 重访周期	199 年 9 月 24 日 680 km 太阳同步 3 天	2001 年 10 月 19 日 450 km 太阳同步 1～6 天	2003 年 6 月 27 日 470 km 太阳同步 ＜3 天
波段 /μm	B1:0.45～0.53 B2:052～0.61 B3:0.64～0.72 B4:0.77～0.88 PAN:0.45～0.90	B1:0.45～0.52 B2:052～0.60 B3:0.63～0.69 B4:0.76～0.90 PAN:0.45～0.90	B1:0.45～0.52 B2:052～0.60 B3:0.625～0.695 B4:0.76～0.90 PAN:0.45～0.90
地面分辨率	1 m(PAN) 4 m(MS)	0.61 m(PAN) 2.44 m(MS)	1 m(PAN) 4 m(MS)

(二) 气象卫星

1. 气象卫星概述

气象卫星是对地球及其大气层进行气象观测的人造地球卫星，是太空中的高级自动化气象站，它能连续、快速、大面积地探测全球大气变化情况。从 1960 年美国发射第一颗试验性气象卫星(TIROS－1)以来，全球已经有 100 多颗实验性或业务性气象卫星进入不同的轨道。我国早在 20 世纪 70 年代就开始发展我国的气象卫星，截至目前已发射了 7 颗风云气象卫星，分别实现了极轨卫星和静止卫星的业务化运行，是继美国、俄罗斯之后第三个同时拥有极轨气象卫星和静止气象卫星的国家。

气象卫星按所在轨道可分成地球静止轨道气象卫星(GMS)和太阳同步轨道气象卫星两类，后者也称为极地轨道气象卫星(POMS)。

气象卫星有广泛的用途。静止气象卫星对灾害性天气系统，包括台风、暴雨和植被生态动态突变的实时连续观测具有突出能力。中期数值天气预报、气候演变预测和全球生态环境变化包括大气成分的变化和军事上所需的资料等，主要从极轨气象卫星获得。极轨和静止气象卫星的观测功能各有千秋，相互补充。联合国世界气象组织(WMO)的全球气象监测网计划建立了由五颗静止气象卫星和两颗极轨气象卫星组成的全球观测网，可得到完整的全球气象资料。

2. 极地轨道气象卫星

极地轨道气象卫星为低航高、近极地太阳同步轨道，轨道高度 800～1 600 km，南北向绕地球运转，能对东西宽约 2 800 km 的带状地域进行观测。

极地轨道气象卫星可获得全球资料，提供中长期数值天气预报所需的数据资料。由于其轨道高度低，因此可实现的观测项目比同步气象卫星丰富得多，探测精度和空间分辨率也高于同步卫星。此外,它能装载的有效载荷较多,可进行全球性军事侦察、海洋观察和农作物估产观测等,每天对全球表面巡视两遍,对某一地区每天进行两次气象观测,观测间隔在12小时左右,具有中等重复周期。但对同一地区不能连续观测,所以观测不到风速和变化快而生存时间短的灾害性小尺度天气现象。

目前,世界上主要的极地轨道气象卫星有美国的 NOAA 卫星、欧洲空间局的 METOP 卫星、俄罗斯的 Meteor 卫星以及我国的风云气象卫星等。

NOAA 卫星是美国第三代的气象卫星。自 1970 年 1 月 23 日发射第一颗 NOAA 卫星以来,已经相继发射了 17 颗 NOAA 卫星。一颗 NOAA 卫星每天可以对同一地区观测两次(白天和夜晚),由两颗 NOAA 卫星组成的双星系统,每天可对同一地区获得四次观测数据。NOAA 卫星除了在气象领域的应用外,还广泛用于非气象领域,如海洋油污监测、探测火山喷发、测定森林火灾和田野禾草燃烧位置,以及测定海洋涌流、探测植被生产力、农作物长势监测与作物估产、探测湖水位变化等。NOAA 卫星上搭载的主要传感器有高分辨率扫描辐射计(AVHRR)和泰罗斯垂直分布探测仪。AVHRR 波段划分与主要应用见表 2.7。

表 2.7 AVHRR 波段划分与主要应用

通道	波长(NOAA−15,NOAA−16,NOAA−17)/μm	主要应用
1	0.58～0.68	天气预报、云边景图、冰雪探测
2	0.82～0.87	水体位置、冰雪融化、植被和农作物评价及草场
3	(A)1.57～1.78	调查
	(B)3.55～3.93	海面温度、夜间云覆盖、水陆边界、森林火灾
4	10.3～11.3	海面温度、昼夜云量、土壤湿度
5	11.5～12.4	海面温度、昼夜云量、土壤湿度

风云一号气象卫星(FY−1)属于近极地太阳同步气象卫星,是我国第一代气象观测卫星。其基本功能是向世界各地实时广播卫星观测的局地可见、红外高分辨率卫星云图,获取全球的可见、红外卫星云图以及地表图像和海温等气象、环境资料,为天气预报、减灾防灾、科学研究服务,为政府部门决策服务。从 1988 年开始,我国已经发射了四颗 FY−1 卫星,其中 FY−1A/1B 卫星为试验卫星、FY−1C/1D 卫星为业务卫星。目前 FY−1D 卫星仍在正常工作。

风云三号气象卫星(FY−3)是在 FY−1 卫星基础上发展起来的我国第二代极轨气象卫星,能够获取全球、全天候、三维、定量、多光谱的大气、地表和海表特性参数。FY−3A 卫星已经于 2008 年 5 月 7 日成功发射。

3. 静止轨道气象卫星

静止轨道气象卫星又称为高轨地球同步轨道气象卫星,位于赤道上空近 36 000 km 高度处,圆形轨道,轨道倾角为 0°,绕地球一周需 24 小时,卫星公转角速度和地球自转角速度相等,与地球相对静止,看起来似乎固定在天空某一点,可作为通信中继站,用无线电波传播各种气象资料,通过卫星可转播到更远的接收地点。

静止轨道气象卫星覆盖范围大,能观测地球表面 1/4～1/3 的面积,有利于获得宏观同步信息,若有 3～4 个静止轨道气象卫星,则能形成空间监测网,对全球中、低纬地区进行观测,但轨道高度高,空间分辨率低,边缘几何畸变严重,定位与配准精度不高,对高纬度地区

（纬度大于 $55°$）的观测能力较差，观测图像几何失真过大，效果很差，因此无效。静止轨道气象卫星可连续观测，所以对天气预报有很好的时效，适用于地区性短期气象业务。对某一固定地区每隔 $20\sim 30$ min 可获得一次观测资料，部分地区由于轨道重叠甚至可以每隔 5 min 观测一次，即具有很高的时间分辨率，重复周期极短，有利于捕捉地面快速动态变化信息，有利于高密度动态遥感研究，如日变化频繁的大气、海洋动力现象等。

静止轨道气象卫星安装的主要观测仪器有可见光和红外自旋扫描辐射计（拍摄可见光和红外云图）、数据收集／转发系统、星载空间环境监视器等。数据收集／转发系统主要是把过去已有的大量地面气象观测站改为无人值守的数据收集平台，将得到的数据收集起来再转发到气象中心处理。

目前主要的静止轨道气象卫星有美国的 GOES 卫星、欧洲空间局的 METEOSAT 卫星、日本的 GMS/MITSAT 卫星、俄罗斯的 GOMS 卫星、印度的 INSAT 卫星以及我国的风云二号气象卫星。

风云二号气象卫星（FY－2）是我国自行研制的第一代静止业务气象卫星。FY－2A、FY－2B 卫星分别于 1997 年 6 月和 2000 年 6 月成功发射，FY－2C 和 FY－2D 卫星分别于 2004 年 10 月 19 日和 2006 年 12 月 8 日发射成功，目前在轨运行并提供应用服务。FY－2 卫星搭载的多通道可见光红外自旋扫描辐射计非汛期每小时、汛期每半小时可以获取约覆盖 1/3 地球表面的一幅地球全景图像。利用可见光通道可得到白天的云和地表反射的太阳辐射信息，用红外通道可得到昼夜云和地表发射的红外辐射信息，用水汽通道可得到对流层中上部大气中水汽分布的信息。

（三）海洋卫星

海洋卫星主要用于海洋温度场，海流的位置、界线、流向、流速，海浪的周期、速度、波高，水团的温度、盐度、颜色、叶绿素含量，海水的类型、密集度、数量、范围，以及水下信息、海洋环境等方面的动态监测。

自美国 1978 年 6 月 22 日发射世界上第一颗海洋卫星 Seasat－1 以来，苏联、日本、法国相继发射了一系列大型海洋卫星。这些卫星一般搭载有光学遥感器（如水色扫描仪、主动区微波遥感器、散射计、SAR 等）和被动式微波遥感器等多种海洋遥感有效载荷，可提供全天时、全天候海况实时资料。

1. Radarsat 系列卫星。

加拿大的 Radarsat－1 是世界上第一个商业化的 SAR 运行系统，于 1995 年 11 月 4 日成功发射，主要应用于农业、海洋、冰雪、水文、资源管理、渔业、航海业、环境监测、北极和近海勘测等。Radarsat－2 是 Radarsat－1 的后续卫星，于 2007 年 12 月 14 日成功发射，除延续了 Radarsat－1 的拍摄能力外，在新的图像获取能力及性能方面又有了长足的进展。Radarsat－2 是目前世界上最先进的民用高分辨率合成孔径雷达卫星之一，在海冰监测、地质勘探、海事监测、救灾减灾和农林资源监测及生态环境的保护等方面发挥着重要作用，其突出优势包括 3 m 空间分辨率的超精细模式图像、全极化、常规的左右侧视等。

Radarsat 系列卫星采用太阳同步轨道，轨道高度 798 km，轨道倾斜角 98.6°，重访周期 24 天。卫星携带的 SAR 系统有五种工作模式，用户可根据不同需要提出要求，通过地面控制指令改变扫描幅宽和分辨率来满足用户要求。与一般可见光和近红外传感器的不同之处在于雷达可以全天候工作,因此无论升段和降段都可以接收数据。Radarsat－1的工作模式示意图如图2.8所示,Radarsat－2的主要工作性能见表2.8。

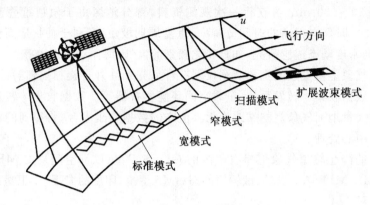

图 2.8　Radarsat－1 的工作模式示意图

表 2.8　Radarsat－2 的主要工作性能

波束模式	观测带宽度 /km	入射角 /(°)	分辨率(距离×分辨力)/(m×m)
标准	100	20～49	25×28
宽波束	150	20～45	25×28
低入射角	170	10～23	40×28
高入射角	70	50～60	20×28
精细模式	50	37～49	10×9
扫描模式(宽)	500	20～49	100×100
扫描模式(窄)	300	20～46	50×50
标准四级化	25	20～41	25×28
精细四级化	25	20～41	11×9
三倍四级化	50	30～50	11×9
超精细(宽)	20	30～40	3×3

2. ERS 系列卫星

ERS 系列卫星包括 ERS－1、ERS－2,是欧洲空间局分别于1991年和1995年发射的。该卫星采用先进的微波遥感技术获取全球全天候、全天时的图像,主要用于海洋学、冰川学、海冰制图、海洋污染监测、船舶定位、导航、水准面测量、海洋岩石圈的地球物理及地球固体潮和土地利用制图等领域。

ERS 系列卫星采用椭圆形太阳同步轨道,轨道高度 780 km,轨道倾角 98.52°,幅宽100 km。卫星携带的传感器主要有有源微波仪(AMI)、雷达高度计(RA)、沿迹扫描辐射计／微波探测器(ATSR/M)、激光测距设距设备(LRR)、精确测距测速设备(PRARE)等。

ENVISAT－1 卫星是 ERS 卫星的后继星,于 2002 年 3 月 1 日发射升空。在ENVISAT－1 卫星上载有多个传感器,分别对陆地、海洋、大气进行观测,其中最主要的就是名为 ASAR 的合成孔径雷达传感器。与 ERS 的 SAR 传感器一样,ASAR 工作在 C 波段,波长为 5.6 cm。但 ASAR 具有许多独特的性质,如多极化、可变观测角度、宽幅成像等。ENVISAT－1 卫星 ASAR 传感器共有图像模式、交替极化模式、宽幅模式、全球监测模式、波模式五种工作模式,各种工作模式的特性见表2.9。

表 2.9　ENVISAT－1 各种工作模式的特性

项目	图像模式	交替极化模式	宽幅模式	全球监测模式	波模式
成像宽度 /km	最大 100	最大 100	约 400	约 400	5
下行数据率 /(Mbit·s^{-1})	100	100	100	0.9	0.9
极化方式	VV 或 HH	VV/HH 或 VV/VH 或 HH/HV	VV 或 HH	VV 或 HH	VV 或 HH
分辨率 /m	30	30	150	1 000	10

任务二　遥感传感器

本任务介绍了传感器及传感器的种类、四个组成部分(收集器、探测器、处理器、输出器)以及传感器空间分辨和图像的几何特性等性能,希望学生能初步了解传感器的基本知识,为今后对遥感图像的理解、数据处理进行知识铺垫。本部分可作为学生扩展知识的内容。

传感器(sensor)也叫作敏感器或探测器,是收集、探测并记录地物电磁波辐射信息的仪器。它的性能制约着遥感技术的能力,即传感器探测电磁波波段的响应能力、传感器的空间分辨率和图像的几何特性、传感器获取地物电磁波信息量的大小和可靠程度等。

一、传感器简介

(一)传感器的分类

传感器的种类繁多,分类方法也多种多样。如图2.9所示是传感器的分类,常见的分类方式有以下三种。

(1)按电磁波辐射来源的不同,把传感器分为主动式传感器和被动式传感器。主动式传感器向目标发射电磁波,然后收集从目标反射回来的电磁波信息,如合成孔径侧视雷达等;被动式传感器收集的是地面目标反射太阳光的能量或目标自身辐射的电磁波能量,如摄影相机和多光谱扫描仪等。

(2)按成像原理和所获取图像性质的不同,把传感器分为摄影机、扫描仪和雷达三种类型。摄影机按所获取图像的特性又可细分为框幅式、缝隙式、全景式三种;扫描类型的传感器按扫描成像方式又可分为光机扫描仪和推帚式扫描仪;雷达按其天线形式分为真实孔径雷达和合成孔径雷达。

(3)按记录电磁波信息方式的不同,把传感器分为成像方式的传感器和非成像方式的传感器。成像方式的传感器的输出结果是目标的图像,而非成像方式的传感器的输出结果是研究对象的特征数据,如微波高度计记录的是目标距平台的高度数据。

(二)传感器的组成

从结构上看,所有类型的传感器基本上都由收集器、探测器、处理器、输出器四部分组成(图2.10)。

1.收集器

收集器收集或接收目标物发射或反射的电磁辐射能,并把它们进行聚焦,然后送往探测

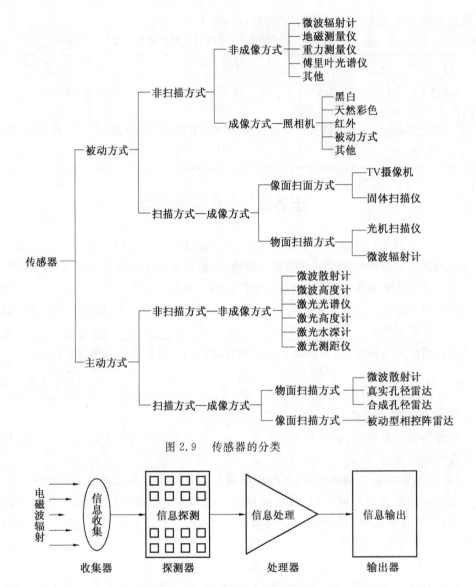

图 2.9　传感器的分类

图 2.10　传感器构成示意图

系统。传感器的类型不同,收集器的设备元件也不一样。摄影机的收集元件是凸透镜;扫描仪用各种形式的反射镜以扫描方式收集电磁波,雷达的收集元件是天线。二者都采用抛物面聚光。如果进行多波段遥感,那么收集系统中还包含按波段分波束的元件,如滤色镜、棱镜、光栅、分光镜、滤光片等。

2.探测器

探测元件是接收地物电磁辐射的器件,是传感器中最重要的部分,其功能是实现能量转换,测量和记录接收到的电磁辐射能。常用的探测元件有感光胶片、光电敏感元件、固体敏感元件和波导。不同探测元件有不同的最佳使用波段和不同的响应特性曲线波段。探测元件之所以能探测到电磁波的强弱,是因为探测器在电磁波作用下发生了某些物理或化学变化,这些变化被记录下来并经过一系列处理,便成为人眼能看到的像片。

感光胶片通过光化学作用探测近紫外至近红外的电磁辐射,其响应波段大约为 $0.3\sim1.4\ \mu m$。这一波段的电磁辐射能使感光胶片上的卤化银颗粒分解,析出银粒的多少反映光照的强弱并构成地面物像的潜影,胶片经过显影、定影处理,就能得到稳定的可见影像。

光电敏感元件是利用某些特殊材料的光电效应把电磁波信息转换为电信号来探测电磁辐射的,其工作波段涵盖紫外至红外波段。光电敏感元件按其探测电磁辐射机理的不同,又分为光电子发射器件、光电导器件和光伏器件等。

热探测器是利用辐射的热效应工作的。探测器吸收辐射能量后,温度升高,从而引起其电阻值或体积发生变化。测定这些物理量的变化便可知辐射的强度,但热探测器的灵敏度和响应速度较低仅在热红外波段应用较多。

雷达在技术上属于无线电技术,在接收微波的同时,把电磁辐射转变为电信号,电信号的强弱反映微波的强弱。它的探测元件称作波导,是一个制成一定尺寸的金属钢管,靠微波在波导腔中的反射来传播。由天线接到的微波波束聚焦后由波导接收和传递微波,不同尺寸的波导接收不同波长的微波信息。

3. 处理器

处理器的主要功能是对探测器探测得到的化学能或电能等信息进行加工处理,即进行信号的放大、增强或调制。在传感器中,除了摄影使用的感光胶片无须进行信号转化之外,其他的传感器都有信号转化问题。光电敏感元件、固体敏感元件和波导输出的都是电信号,从电信号转化到光信号需要有一个信号转化系统,即光电转化器。光电转换一般通过氖灯管、显像管等,输入的电信号输出时或经光机扫描时序输出光点,或经电子扫描在荧光屏上输出整幅图像。目前很少将电信号直接转换记录在胶片上,而是记录在模拟磁带上。磁带回放制成胶片的过程可以在实验室进行,使传感器的结构变得更加简单。

4. 输出器

传感器的最终目的是把接收到的各种电磁波信息用适当方式输出。遥感影像信息的输出一般有直接和间接两种方式。直接方式有摄影分幅胶片、扫描航带胶片、合成孔径雷达的波带片,还有一种是在显像管荧光屏上显示,对于荧光屏上的图像仍需用摄影方式把它拍成胶片。间接方式有模拟磁带和数字磁带。模拟磁带回放出来的电信号可通过电光转化显示图像;数字磁带记录时要经过模数转换,回放时要经过数模转换,最后仍要通过光电转化才能显示图像。输出器的类型有扫描晒像仪、阴极射线管、电视显像管、磁带记录仪、彩色喷墨记录仪等。

二、摄影类型的传感器

摄影类型传感器主要包括单镜头框幅式摄影机、缝隙式摄影机、全景摄影机以及多光谱摄影机等,其共同特点都是由物镜收集电磁波,并聚焦到感光胶片上,通过感光材料的探测与记录,在感光胶片上留下目标的潜像,然后经过摄影处理,得到可见的影像。同时,其工作波段主要在可见光波段,而且较多地用于航空遥感探测。

(一) 单镜头框幅式摄影机

航空、航天摄影测量的相机一般采用单镜头框幅式摄影机。这类相机的成像原理与普通照相机相同,在空间摄影的瞬间,地面视场范围内的目标辐射信息一次性通过镜头中心后在焦平面上成像,获得一张完整的分幅像片(18 cm×18 cm 或 23 cm×23 cm)。

航空摄影测量对摄影机的要求非常严格,如镜头畸变要小,解像力要高,光轴与胶片平面必须正交,可以精密测量出光轴与像面的位置关系,胶片应具备严格的平面性,配有使胶片平面移动的像移补偿装置,以使相机在高速运动中取得清晰的、消除像移的图像。

用于航空摄影的摄影机有瑞士徕卡公司的 RC 系列摄影机(如 RC-30)、德国蔡司厂的 LMK 系列摄影机(如 LMK2000)、RMK 系列的 TOP 摄影机和国产的 HS2323 摄影仪。目前较新型的航摄仪都带有 GPS 自动导航和 GPS 控制的摄影系统。

在太空工作的摄影机,在设计上需要根据太空环境的特点增加一些特殊装置或做一些特殊处理,以解决各种可能出现的问题。例如,针对摄影机在空间摄影地区的地理纬度相差很大,太阳高度角各不相同,且不同地区的地物反射能力不尽相同的特点,装备自动曝光控制装置,使摄影机能得到合适的曝光量;摄影机在空间工作时的环境温度会直接影响光学系统的性质,改变焦面位置和胶片灵敏度,因此必须控制窗口内的温度、压力和湿度,尽量减少这些因素对空间摄影机光学系统的影响。

用于航天遥感的相机很多,如已在美国航天飞机及空间实验室工作过的 RMK-A30/23 摄影机,焦距为 305.128 mm,像幅为 23 cm×23 cm,标准卫星高度为 250 km,像片比例尺为 1:820 000,每幅像片对应地面范围为 189 km×189 km,物镜最大畸变差为 6 μm,分辨率为 39 线对/mm,每 4~6 s 或 8~12 s 曝光一次,相机姿态控制在 0.5°以内,取得影像的航向重叠度为 60%~80%。

(二) 缝隙式摄影机

缝隙式摄影机又称为航带式或推扫式摄影机。缝隙式摄影机安装在飞机或卫星上,摄影瞬间获取的影像是与航向垂直且与缝隙等宽的一条地面影像带(图 2.11)。当飞机或卫星向前飞行时,在相机焦平面上与飞行方向垂直的狭隙中出现连续变化的地面影像。若相机内的胶片不断地卷绕,且卷绕速度与地面影像在缝隙中的移动速度相同,就能得到连续的条带状的航带摄影像片。

缝隙式摄影机不是一幅一幅地曝光,而是连续曝光。为了拍摄清晰、连续的影像,必须使卷片速度与景物在相机焦平面内移动的速度相等。

当平台速度与卷片速度不匹配时,尽管它仍是多中心投影(每个缝隙的影像有同一投影中心),但是条缝间的影像会出现重叠和不连续性。由于在实际摄影中难以保持合适的速高比,相机姿态变化不易控制,因此这种摄影机已较少应用,但缝隙式摄影机的思想是目前较流行的线阵 CCD 传感器的基础。

(三) 全景摄影机

全景摄影机又称为扫描摄影机或摇头摄影机,其成像原理是:利用焦平面上一条平行飞行方向的狭缝来限制瞬时视场,在摄影瞬间获得地面上平行于航迹线的一条很窄的影像,当物镜沿垂直航线方向摆动时,就得到一幅全景像片(图 2.12)。

全景式摄影机的特点是焦距长,有的长达 600 mm 以上,可在长约 23 cm、宽达 128 cm 的胶片上成像。这种相机的摄影视场很大,有时能达 180°,可摄取航迹到两边地平线之间的广大地区域。由于每个瞬间的影像都在物镜中心一个很窄的视场内构像,因此,像片上每一

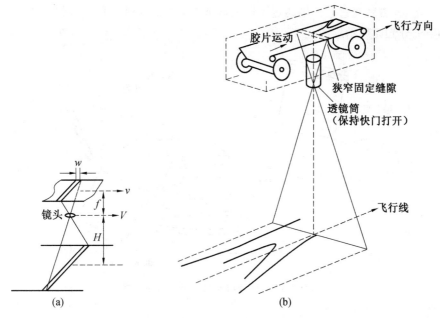

图 2.11　缝隙式摄影机成像过程

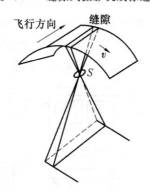

图 2.12　全景式摄影机成像原理

部分的影像都很清晰,像幅两边的影像分辨率明显提高。但由于全景相机在成像过程中焦距保持不变,而物距随扫描角的增大而增大,因此在图像上会出现两边比例尺逐渐缩小的现象。

(四) 多光谱摄影机

对同一地区、同一瞬间摄取多个波段影像的摄影机称为多光谱摄影机。同一地物在不同光谱段具有不同的辐射特征,多光谱摄影增加了目标地物的信息量,通过对比分析或图像处理技术,可以有效提高影像的判读和识别能力。常见的多光谱摄影机有单镜头和多镜头两种形式。

1. 单镜头型多光谱摄影机

单镜头型多光谱摄影机成像原理是在物镜后面,利用分光装置将收集的光束分离成不同的光谱成分,然后使它们分别在不同胶片上进行曝光,形成地物不同波段的影像。这种摄影机的分光原理通常是利用半透明的平面镜的反射和透射现象,将收集的光束分解成所要求的几个光束,然后使它们分别通过不同的滤光片,从而达到分光的目的。图 2.13 是一种四波段相机分光原理示意图。

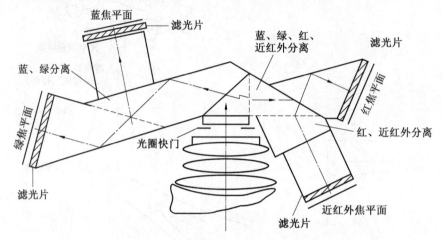

图 2.13   四波段相机分光原理示意图

2.多镜头型多光谱摄影机

多镜头型多光谱摄影机的成像过程是利用多个物镜获取地物在不同波段的反射信息(采用在不同镜头前加不同滤光片的形式),并同时在不同胶片上曝光而得到地物的多光谱像片。相机物镜镜头的数量决定了其获取多光谱像片的波段数量,如四镜头多光谱相机可同时获取四个波段的多光谱像片。图 2.14 为四镜头多光谱相机的成像原理图。

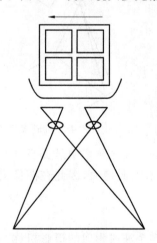

图 2.14   四镜头多光谱相机的成像原理

摄影相机在成像时要根据不同的目的选择合适的胶片和对应的滤光片。根据感光特性的不同,摄影胶片可分为黑白胶片、彩色胶片和彩色红外胶片。常用的黑白胶片有全色胶片和全色红外胶片,它们的感光范围分别为 $0.4 \sim 0.7 \ \mu m$ 和 $0.4 \sim 0.8 \ \mu m$。地物在黑白胶片上影像的密度与其反射太阳辐射的能力大小成正比。彩色胶片的感光范围是 $0.4 \sim 0.7 \ \mu m$,地物在负片上的颜色与地物自身的颜色互补,在晒印像片(正片)上的颜色与地物颜色一致。彩色红外胶片的感光范围是 $0.5 \sim 0.8 \ \mu m$,仅对绿色光、红色光和近红外光起作用。在负片上,绿色物体呈黄色,红色物体呈蓝色,反射近红外光能力强的物体呈青色;在正片上,绿色物体呈蓝色,红色物体呈绿色,反射近红外光能力强的物体呈红色。由于地物在彩色红外像片的颜色与其自身颜色不一致,因此彩色红外像片又叫作假彩色红外像片。

滤光片是改变光线光谱成分的介质,是获取理想影像不可缺少的器件。滤光片按制作材料可分为玻璃滤光片、胶质滤光片、塑料滤光片和液体滤光片,摄影中采用的大多是玻璃滤光片。摄取全色像片和彩色像片时,为了减少大气散射光的影响,增加影像反差和防止偏色,常在摄影机的镜头前加浅黄色滤光片来限制蓝光的通过;假彩色红外摄影时,通过黄色滤光片吸收全部蓝光成分,使绿色光、红色光、红外光通过,达到摄影目的。

摄影照相机用胶片记录地物电磁波辐射信息,具有很高的灵敏度和分辨率。但是,摄影胶片所能响应的波段在 $0.4 \sim 1.1\ \mu m$ 的较窄范围内,即它仅能获取地物的 $0.4 \sim 1.1\ \mu m$ 的电磁波信息,而且胶片不便于地物信息的实时传输和数字处理。因此,这种类型的传感器难以长时间连续工作。

思　考　题

1. 什么是遥感平台? 试述各种遥感平台的特点。

2. 卫星轨道有哪几种? 遥感卫星为什么常采用太阳同步轨道?

3. 试述 TM 与 SPOT 卫星的传感器和成像特点。

4. 传感器主要由哪些部件组成?

项目三　遥感图像处理、解译与计算机分类

任务一　数据与图像特征

本任务主要介绍遥感数据传输方式与各种数据存储格式。特别结合 Landsat 系列产品介绍图像标识信息和文件格式。重点阐述遥感图像特征：空间分辨率、时间分辨率、波谱分辨率和辐射分辨率。本任务旨在帮助学生理解遥感图像的存储、传输、数据格式，以及数字图像特征，为后续内容学习打下基础。

一、遥感数据

（一）数据传输

传统航空遥感需要从飞机或其他航空遥感平台搭载的摄影机中将感光胶片取出，经显影、定影技术处理，得到像片底片；再经底片接触晒印以及显影、定影处理，获得与地面地物亮度一致的（正像）像片。感光胶片（即数据）的回收过程绝大部分均由人工完成，少数由一些自动装置完成。这一技术在第二次世界大战中曾经被美国用于探查敌情。

航天遥感由于使用了卫星技术，数据传输方式有了很大不同。下面以使用广泛的美国陆地卫星（Landsat）为例进行说明。陆地卫星的传输、处理系统包括以下三个部分（图 3.1）。

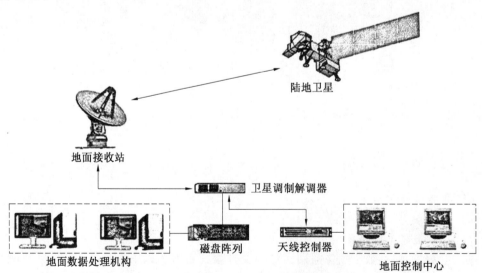

图 3.1　陆地卫星的传输、处理系统示意图

1. 地面控制中心

陆地卫星的地面控制中心设在美国国家宇航局戈达德空间飞行中心。它是指挥陆地卫星工作的枢纽,控制陆地卫星工作的安排,对陆地卫星发出不同的指令,控制陆地卫星运行的姿态、轨道,指挥传感器信息的传输及星载仪器与地面接收机构协调配合等工作。

2. 地面接收站

地面接收站的主要工作是接收从卫星上传送回来的信息数据,并记录在磁带上,交给数据处理中心进行处理。地面接收站装有大型的抛物天线,当卫星进入其视野范围(仰角大于5°)时,地面接收站就可以实时接收从卫星上发回来的信息数据,也可以接收延时发回(即扫描时记录在磁带上,等卫星进入视野范围时,再按指令发回)的信息数据,还可以接收由中继卫星转发的信息数据产品。

1985 年我国在北京密云建立了中国科学院中国遥感卫星地面接收站,1986 年 12 月开始业务运行,可接收处理 MSS、TM 数据。经过多年发展,地面接收站已形成了以北京本部数据处理与运行管理为核心,北京接收站(位于密云)为数据接收点的运行格局。接收站内配备大型接收天线两部、中小型接收天线两部及相关的各种卫星数据接收、记录设施多套,具备接收国内外 15 颗遥感卫星数据的能力。目前全天候运行性接收 9 颗卫星数据,初步实现了一站多星,多种分辨率和全天候、全天时、准实时。同时,北京总部针对不同卫星形成了较为完善的运行管理系统、数据处理系统、数据管理系统、数据检索与技术服务系统等,具备日处理各类卫星影像数据 100 多景的能力。

3. 地面数据处理机构

地面数据处理机构的主要任务是对视频数据进行视频－影像转换,生产和提供各种陆地卫星产品。例如,中国遥感卫星地面站可以完成接收数据及制作完成各种胶片、像片及计算机用磁带,可以向用户提供各种陆地卫星产品。

陆地卫星获取的遥感图像数据信息量较大,卫星上需要有专门的宽频带、高速率数据传输设备。因此,常选用 S 和 X 波段甚至 Ku 波段作为输出频率。当陆地卫星在地面接收站接收范围内时,数据可直接传输到地面接收站。在地面站接收范围以外时有两种办法:一种是电信号存入卫星上的数据存储器,在卫星飞经地面接收站接收范围内时发送;另一种是由数据传输系统将无线电信息发送给中继卫星,再由中继卫星将信息送回地面站。Landsat－4、Landsat－5、Landsat－7 均能实现中继传输。

(二) 数据格式

遥感数字图像用二维数组表示。在数组中,每个元素代表一个像素,像素的坐标位置隐含,由这个元素在数组中的行列位置所决定。元素的值表示传感器探测到像素对应面积上的目标地物的电磁辐射强度。采用这种方法,可以将地球表面一定区域范围内的目标地物信息记录在一个二维数组(或二维矩阵)中。

1. 通用二进制文件格式

按波段数量,遥感数字图像通用二进制文件格式可分为以下两种类型:① 单波段数字图像指在某一波段范围内工作的传感器获取的遥感数字图像;② 多波段数字图像是传感器从多个波段获取的遥感数字图像。在每一个数字层中,每个像素用 1 字节记录地物亮度值,数值范围一般介于 0 ～ 255。每个数字层的行列数取决于图像的尺寸或数字化过程中采用的光学分辨率。多波段数字图像的存储与分发通常采用 BSQ(band sequential)、BIP(band interleaved by pixel)、BIL(band interleaved by line)三种数据格式。

(1)BSQ 数据格式中数据排列遵循规律。

第一波段居第一位,第二波段居第二位,第 n 波段居第 n 位。在第一波段中,数据依据行号顺序依次排列,每一行内数据按像素号顺序排列。在第二波段中,数据依然根据行号顺序依次排列,每一行内数据仍然按像素号顺序排列。其余波段依此类推。

(2)BIP 数据格式中数据排列遵循规律。

第一波段第一行第一个像素居第一位,第二波段第一行第一个像素居第二位,第三波段第一行第一个像素居第三位,第 n 波段第一行第一个像素居第 n 位。然后为第一波段第一行第二个像素居第 $n+1$ 位,第二波段第一行第二个像素居第 $n+2$ 位。其余数据排列位置依此类推。

(3)BIL 数据格式中数据排列遵循规律。

第一波段第一行第一个像素居第一位,第一波段第一行第二个像素居第二位,第一波段第一行第三个像素居第三位,第一波段第一行第 n 个像素居第 n 位。然后为第二波段第一行第一个像素居第 $n+1$ 位,第二波段第一行第二个像素居第 $n+2$ 位。其余数据排列位置依此类推。

以上三种数据格式具体示例如图 3.2 所示。

2.传感器文件格式

不同的传感器研发或运行机构一般会给所分发的卫星数据设计一种分发格式,如 Landsat 系列卫星的 FAST 格式、SPOT 系列卫星的 DLMAP 格式、EOS 系列卫星的 HDF 格式、IKONOS 卫星的 GeoTITF 格式等。

(1)Landsat 系列卫星文件格式。FAST 格式(fast format)最早是由美国 EOSAT 针对 Landsat 系列产品制定的,有过三个版本,即 FAST－A、FAST－B 和 FAST－C。其中,FAST－A 在 20 世纪 90 年代初期停止使用;FAST－B 用来记录 Landsat－5 的 TM 数据产品;后来美国 Space Imageing(EOSAT 重组后的名称)开发了 FAST－C 版本以适应更多种类的卫星数据产品,如印度卫星等。

Landsat－5 采用的是 EISAT FAST FORMAT－B 格式,简称 FAST－B,它包含头文件和图像文件两类文件,后缀名均为.dat。头文件是数据的说明文件,共 536 字节,全部为 ASCII 码字符,包括该数据的产品标识、轨道号、获取时间、增益偏置、投影信息、图像四角点和中心地理坐标等信息。图像文件只含有图像数据,不包括任何辅助数据信息。图像的行列数在头文件中给出。

Landsat－7 一般采用 FAST－L7A 格式。FAST－L7A 是在 FAST－C 的基础上发展而来的,以适应 Landsat－7 的 ETM＋传感器的特征。它包括三部分文件,后缀名分别为 HPN.fst、HPF.fst、HTM.fst,分别代表全色波段、可见光波段和热红外波段数据。FAST－L7A 有三个头文件,分别用来说明不同的波段组。而对每一波段组,头文件的大小也由以往的一个 1 536 字节记录扩展为三个 1 536 字节的记录。每个波段组的头文件记录内容按顺序分别是:① 管理记录,包含产品标识信息、图像标识信息以及读取每个波段图像所需的特定参数,如产品编号、景号、时相、卫星及传感器代码、图像尺寸、波段组成、像元间

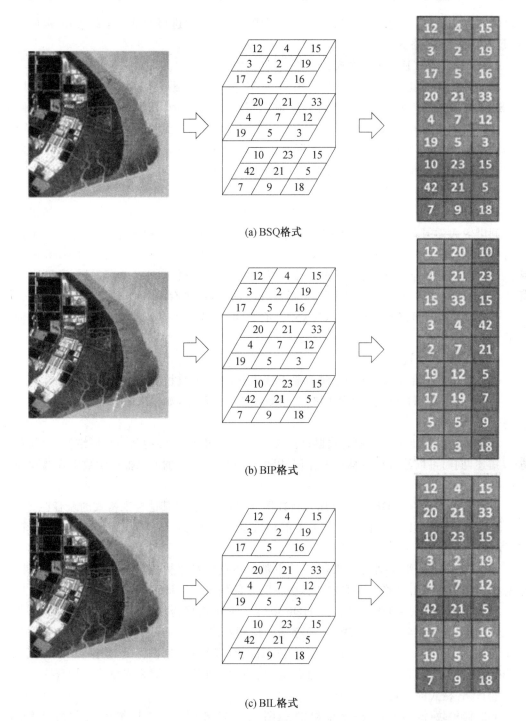

(a) BSQ格式

(b) BIP格式

(c) BIL格式

图 3.2 多波段遥感数据格式示例

隔和各波段文件名等;② 辐射记录,包含辐射校正所必需的系数,这些系数用于将每个波段图像的像元值转化为星上传感器入口处的光谱辐射值;③ 几何记录,包含图像的大地测量位置信息,如地图摄影、地球模型、图像角点及中心点的大地测量坐标值、图像定向角及太阳高度角和方位角等,该记录的信息有助于将图像与其他数据进行配准。除此之外,也可采用 HDF 或 GeoTIFF 格式。

(2)SPOT 系列卫星文件格式。

SPOT 系列卫星文件格式一般采用 DIMAP 格式,后缀名为.dim。该格式是 GIS-GeoSpot 格式的新名字,描述从光栅影像地图层到其他矢量、DEM 层等多种数据文件格式。它由瑞典空间公司和 SPOT Image 公司联合设计,主要是为了方便交换基于卫星图像的地理信息。其中,它的光栅图像层实际是 GeoTIFF 格式或编码的 BIL 格式,能为大多数的遥感影像处理软件和地理信息系统软件所兼容。

(3)EOS 系列卫星文件格式。

EOS 系列卫星文件格式主要采用 HDF 和 HDF-EOS,后缀名为.hdf。HDF 格式是美国伊利诺伊大学国家超级计算应用中心于 1987 年研制开发的一种软件和函数库,用于存储和分发科学数据的一种自我描述、多对象的层次数据格式,主要用来存储由不同计算机平台产生的各种类型科学数据,适用于多种计算机平台,易于扩展。HDF 不断发展,已被广泛应用于环境科学、地球科学、航空、海洋、生物等许多领域,用来存储和处理各种复杂的科学数据。1993 年,美国国家航空航天局(NASA)把 HDF 格式作为存储和发布 EOS 数据的标准格式。

①HDF 格式的特点。

a.自我描述。在 HDF 文件中包含关于该数据各方面属性的信息。

b.多样性。在 HDF 文件中可同时存储多种类型的数据,如栅格图像数据、科学数据集、信息说明数据等。

c.灵活性。可让用户把相关数据目标集中在一个 HDF 文件的某个分层结构中,并对其加以描述,同时可以给数据目标记上标记,以方便查取。用户也可以把科学数据存储到多个 HDF 文件中。

d.可扩展性。在 HDF 中可以加入新数据模式,增强它与其他标准格式的兼容性。

e.独立性。HDF 是一种与平台无关的格式,HDF 文件在不同平台间传递而不用转换格式。

②HDF 格式的组织结构。HDF 文件由路径和数据对象构成,每个数据对象包括指向该数据对象位置指针的指针域和定义该数据类型的信息域。HDF 库包括三个接口层,从上到下分别是 HDF 底层、HDF 应用层、HDF 顶层。HDF 底层为软件开发者所应用,包括文件输入/输出、差错控制、内存管理、物理存储等应用程序接口;HDF 应用层接口包括六个独立的模块,分别用来简化六种数据类型(8 位图像、24 位图像、色彩、科学数据、注释、V data)的存储和访问过程;HDF 顶层包括 HDF 应用、NCSA 和第三方开发者制作应用程序。

③HDF 格式的主要数据类型。

a.图像模块(raster image,8 位和 24 位图像)。HDF 使用 8 位图像和 24 位图像两个模块来实现图像数据存储。8 位图像模块中包括一个表示颜色图像的二维数组,数组中的每个值不是代表某个颜色的值,而是一个单独的调色板的索引,调色板中每个条目代表一个含有红、绿、蓝三值的颜色,数组中每个数据的值是 8 位,所以称为 8 位图像。24 位图像与 8 位图像的存储相似,只是它包括三个表示颜色图像的二维数组,每个数组具有相同的大小并分别代表某图像中的每个色素的红、绿、蓝值。

b. 调色板(palette)。调色板提供图像的色谱,是给一幅图像加入颜色的方法。它相当于一个表格,这个表格可能有不同的大小,但 HDF 文件只支持 256 色的显示。对于栅格图像中的每一个数据,在表格中都有其对应的 RGB 数值,用来显示颜色。

c. 科学数据集(scientific data set)。用来存储和描述多维科学数据陈列。科学数据集提供了一个用来存储多维数组数据以及其相关信息的框架。数组的数据类型可以是整数或者是浮点数,它的组织方式与栅格图像相同。科学数据集必须包含的组件有数组、名称数据类型和数组的维数。

d. V data(verdex data)。用来存储和描述数据表格的结构。每个表格由一系列的记录组成,而每个记录又由一系列的域组成。

e. HDF 注解(annotations)。注解是元数据,用于描述一个 HDF 文件或它包含的任何数据要素。注解是用于解释文件或数据对象的文本字符串,可以短到一个名字,或长到一段程序代码。注解主要分为标签和描述两大类。标签是一种短形式的注解,主要用于把诸如指定标题或时间印记到文件或其他数据对象中。长的注解被称为描述,通常包含更为广泛的信息,如源代码模块或数学公式。通常有四种注解形式,分别为文件标签、文件描述、对象标签和对象描述。

f. V group。结构模型被设计为与相关数据对象有关。一个 V group 可以包含另一个 V group 以及数据对象。任何 HDF 对象都可以包含在一个 V group 中。

在 HDF 标准基础上,开发了另一种 HDF 格式,即 HDF−EOS,专门用于处理 EOS 产品,使用标准 HDF 数据类型定义了点、条带、栅格三种特殊数据类型,并引入了元数据(metadata)。HDF−EOS是HDF的扩展,它主要扩充了两项功能:① 提供了一种系统宽搜索服务方式,能在没有读文件本身的情况下搜索文件内容;② 提供了有效的存储地理定位数据,将科学数据与地理点捆绑在一起。

(4)IKONOS 卫星文件格式。

IKONOS 图像数据一般采用 GeoTIFF 格式。GeoTIFF 作为 TIFF 的一种扩展,在 TIFF 的基础上定义了一些 GeoTag(地理标签),对各种坐标系统、椭球基准、投影信息等进行描述和存储,使图像数据和地理数据存储在同一图像文件中。

3. 商业软件文件格式

商业化的图像处理软件一般都会开发出软件本身的图像格式,如 ENVI 的 hdr 和 img 格式、ERDAS 的 Img 格式、PCI 的 Pix 格式等。下面就前两种格式进行说明。

(1)ENVI 文件格式。

ENVI 使用一个通用化的栅格数据格式,由一个简单的二进制文件(后缀名为.img)和一个相应的小的 ASCII(文本)头文件(后缀名为.hdr)组成。这种方式允许 ENVI 灵活地使用几乎任何一种图像格式,包括那些带有文件头信息的格式。ENVI 头文件包含用于读取图像数据文件的信息,它通常创建于一个数据文件第一次被 ENVI 读取时。单独的 ENVI 头文件文本提供关于图像尺寸、嵌入的头文件(若存在)、数据格式及其他相关信息。

(2)ERDAS 文件格式。

ERDAS Imagine 软件图像文件格式为.img,支持单波段和多波段图像的存储。Img

格式的设计非常灵活,由一系列节点构成,除了可以灵活地存储各种信息外,还有一个重要的特点是图像的分块存储。一幅 Img 图像按照其行列数被分成了 n 块,如 512×512(行 $\times$ 列)的图像被分成了 64 块(横向为 8 行,纵向为 8 列),每一块的大小是 64×64。Img 格式的这种存储以及显示的模式称为金字塔存储显示模式(简称塔式结构)。塔式结构图像按分辨率分级存储与管理,最底层的分辨率最高,数据量最大,分辨率越小,其数据量越小,从而不同分辨率的遥感图像形成塔式结构。ERDAS Imagine 采用这种图像金字塔结构建立的遥感图像数据库便于组织、显示与管理多尺度、多数据源遥感图像数据,实现跨分辨率的索引与浏览。

4.通用图像文件格式

很多图像格式成为国际通用,被大多数软件支持,如 tiff、jpeg2000、bmp 等,但缺点是未对软件进行优化,运行速度慢。

遥感数据文件中除了数字图像本身的信息之外,还附带着各种辅助信息。这是提供数据的机构在进行数据分发时对数字图像尺寸等各种参数的说明。

辅助数据中包括数据的存储方法和数据的记述方法、存储影像的信息、平台的信息、遥感器的信息、提供数据的机构所进行的处理信息以及其他遥测信息等。

世界标准格式的各个文件和记录的基本构成如图 3.3 所示。每个物理卷从卷目录文件开始,每个逻辑卷以空卷目录结束。

物理卷 1										
卷文件目录				数据文件 1				数据文件 2		……
A	B1	B2	……	C	D1	D2	……	C	D1	D2	……	……

物理卷 2	物理卷 3	……	与物理卷 1 相同

最后的物理卷							
卷文件目录				数据文件 1			……	空卷目录
A	B1	B2	……	C	D1	D2	……	E

图 3.3 世界标准格式

A— 卷描述符记录;B1、B2— 文件指针记录;C— 文件描述符记录;D1、D2— 数据记录;E— 空卷目录记录

图 3.3 中的数据文件及其数据记录有以下几种。

① 前导文件。注记记录。

② 影像文件。影像记录(光谱数据和行信息)。

③ 结尾文件。尾区记录(影像质量等)。

其中,除影像记录中的光谱数据以外,都相当于辅助数据。辅助数据的概略内容见表 3.1。

表 3.1　辅助数据的概略内容

辅助数据类型	辅助数据内容
卷描述符（A）	卷的构成，全卷数据的说明，每卷内数据的信息
文件指针（B）	关于每个文件位置、类别、容量的信息
文字记录（B,D）	数据制作机构的有关信息
文件描述符（C）	记录数、记录长度、数据位置及每个文件中记录的数据说明
头区文件（D）	景的描述（中央的位置、观测时刻、校正处理的级别与方法、波段数、像元数等）
辅助记录（D）	校正处理中的辅助数据（天底点、WRS、投影法、偏移角、卫星姿态等）
注记记录（D）	用文字型数据记入有关景的概略注记
图像记录（D）	与行有关的注记信息和光谱值
尾区记录（D）	主要是与数据质量有关的信息

此外，还有可以写入任意注释的文字记录，它的出现位置随各格式而不同，在 Landsat 用的世界标准格式中（landsat technical working group，LTWG）放在卷目录文件中。

二、遥感图像

（一）光学图像特征

光学图像通常为采用光学摄影机获取的、以感光胶片为介质的图像，其特征通常包括色彩特征、几何特征等。

1. 色彩特征

摄影胶片一般可分为黑白和彩色两种类型。根据胶片感光波段的不同，又可以具体细分为可见光黑白全色像片、黑白红外像片、彩色像片、彩红外像片等。

2. 几何特征

（1）摄影方式。

摄影机从飞行器上对地摄影时，根据摄影机主光轴与地面的关系，可分为垂直摄影和倾斜摄影。摄影机主光轴垂直于地面或偏离垂线在 3°以内，取得的像片为垂直摄影像片。

（2）投影方式。

常用的大比例尺地形图属于垂直投影或近垂直投影，而摄影像片却属于中心投影。中心投影受投影距离影响，像片比例尺与平台高度和焦距有关。当投影面发生倾斜时，中心投影像片中各点的相对位置和形状不再保持原来的样子。中心投影时，地面起伏越大，像上投影点水平位置的位移量就越大，产生投影误差。

（二）数字图像特征

1. 数字图像简介

数字图像指能够被计算机存储、处理和使用的图像。遥感数据的表示既有光学图像又有数字图像。光学图像为模拟量，数字图像为数字量。模拟量转换为数字量称作模／数转换；反之，称作数／模转换。

数字量与模拟量的本质区别在于模拟量是连续变量而数字量是离散变量。图像的黑白程度称为灰度，灰度的变化是逐渐过渡的。将光学影像通过扫描仪或数字摄影机等外部设备输入计算机时，就是对图像的位置变量进行离散化和灰度值量化。数字化以后，连续空间变量被等间隔取样成离散值。一幅图像通常表示为一个 $M \times N$ 的矩阵。

图 3.4 是一个数字图像示例,左边是其灰度表现,右边是它的数值表示。图像的灰度值为由 0 到 255。

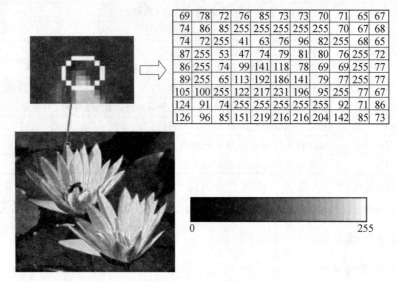

69	78	72	76	85	73	73	70	71	65	67
74	86	85	255	255	255	255	255	70	67	68
74	72	255	41	63	76	96	82	255	68	65
87	255	53	47	74	79	81	80	76	255	72
86	255	74	99	141	118	78	69	69	255	77
89	255	65	113	192	186	141	79	77	255	77
105	100	255	122	217	231	196	95	255	77	67
124	91	74	255	255	255	255	255	92	71	86
126	96	85	151	219	216	216	204	142	85	73

0   255

图 3.4 数字图像示例

数字图像中的像元值可以是整型、实型和字节型。为了节省存储空间,字节型最常用,即每个像元记录为一个字节(byte),8 位。量化后,灰度值从 0 到 255,共有 256 级灰阶。0 代表黑,255 代表白,其他值居中渐变。

遥感数字图像需要较大的存储空间。表 3.2 是一景行列号为 130/42 的云南省楚雄州局部 Landsat—5 TM 数字图像文件信息,一共有 7 个波段,每个波段大小为 52 413 kbit。此外,还有一些其他文件,用来预览图像以及记录图像的辅助信息,如图像准确获取时间、太阳高度角、方位角等。该景图像共需要 358 M 字节存储空间,相比普通图像要大得多。

表 3.2 Landsat—5 TM 数字图像文件信息

类型	文件名	大小 /kbit	类型	文件名	大小 /kbit
波段文件	P130r42_4t19890111_nn1	52 413	波段文件	P130r42_4t19890111. browse	88
	P130r42_4t19890111_nn2	52 413		P130r42_4t19890111. hdr	3
	P130r42_4t19890111_nn3	52 413		P130r42_4t19890111. met	29
	P130r42_4t19890111_nn4	52 413		P130r42_4t19890111. preview	9
	P130r42_4t19890111_nn5	52 413		P130r42_4t19890111. tar	88
	P130r42_4t19890111_nn6	52 413		P130r42_4t19890111. 742	96
	P130r42_4t19890111_nn7	52 413			

2.数字图像特征

各项应用通常需要通过遥感图像获取三方面的信息:① 目标地物的大小、形状及空间分布特点;② 目标地物的属性特点;③ 目标地物的变化动态特点。这三方面信息的表现参数即为空间分辨率、时间分辨率、波谱分辨率和辐射分辨率。

（1）空间分辨率。

图像的空间分辨率指像素所代表的地面范围的大小，即扫描仪的瞬时视场或地面物体能分辨的最小单元，是用来表征影像分辨地面目标细节能力的指标，通常用像元大小、像解率或视场角来表示。对于现代的光电传感器图像，空间分辨率通常用地面分辨率和影像分辨率来表示。地面分辨率定义为影像能够详细区分的最小单元（像元）所代表的地面实际尺寸的大小。地面分辨率在不同比例尺的具体影像上的反映称为影像分辨率，随影像比例尺的变化而变化。不同卫星影像的空间分辨率不同，成图比例尺也不同（表3.3）。

不同遥感目的因其空间大小、精度要求等内容不同，其空间分辨率的要求是不同的，表3.4给出了不同空间尺度的遥感应用对空间分辨率的要求。

表3.3　常用卫星影像的成图比例尺

卫星名称	空间分辨率 /m		成图比例尺
	全色	多波段	
Landsat－5	—	28.5	约1∶30万
Landsat－7	15	28.5	约1∶10万～1∶30万
SPOT－4	10	20	约1∶10万～1∶20万
SPOT－5	5	10	约1∶5万～1∶10万
CBERS－1	19.5	19.5	约1∶20万
IKONOS	1	4	约1∶1万～1∶5万
QuickBird	0.61	2.44	约1∶1万～1∶5万
Radarsat	10～100		约1∶10万～1∶50万

表3.4　不同空间尺度的遥感应用对空间分辨率的要求

空间分辨率划分	大致范围	主要应用领域	空间分辨率划分	大致范围	主要应用领域
高空间分辨率	5 m	城市交通密度分析	中等空间分辨率	50 m	污染监测
	10 m	交通道路规划		50 m	地区地质研究
	10 m	污染源识别		100 m	海岸带变化
	10 m	水库建设		100 m	环境质量评价
	10 m	城市居住密度分析		150 m	土壤水分
	10 m	城市工业发展规划		200 m	山区土地类型
	10 m	港湾动态		200 m	森林清查
中等空间分辨率	20 m	水污染控制		100 m	矿产资源
	20 m	作物长势监测及估产		100 m	海洋地质
	20 m	土种识别		400 m	区域地理
	50 m	水土保护		2 km	大陆架
	50 m	植物群落	低空间分辨率	2 km	自然地带
	50 m	洪水灾害		2 km	成矿带
	50 m	地热开发		5 km	海流
	50 m	森林火灾监测及预报		10 km	地壳

遥感影像空间分辨率发展突飞猛进，目前在民用市场上已可购买到空间分辨率约为0.5 m的Worldview全色影像（图3.5）。为增加分析对象和提高分析精度，未来城市遥感等应用将会对影像空间分辨率提出更高的要求。

（2）时间分辨率。

时间分辨率指对同一地点进行遥感采样的时间间隔，即采样的时间频率，也称为重访周期。它能提供地物动态变化的信息，可用来对地物的变化进行监测，也可以为某些专题要素的精确分类提供附加信息。时间分辨率包括两种情况：① 传感器本身设计的时间分辨率，受卫星运行规律影响，不能改变；② 根据应用要求，人为设计的时间分辨率，它一定等于或小于卫星传感器本身的时间分辨率。例如，SPOT 和 QuickBird 等卫星影像均可提供编程服务，可以调整卫星传感器运行状态，从而获取研究区某一期望时间的影像，这对于自然灾害影响评价、冲突区域监控、农作物长势监控等领域意义重大。

遥感的时间分辨率范围较大。以卫星遥感来说，静止气象卫星（地球同步气象卫星）的时间分辨率为 1 次 /0.5 h；太阳同步气象卫星的时间分辨率 2 次 /d；Landsat 为 1 次 /16 d；CBERS 为 1 次 /26 d 等。

根据重访周期的长短，时间分辨率可分为三种类型：① 超短 / 短周期时间分辨率，可以观测到一天之内的变化，以小时为单位；② 中周期时间分辨率，可以观测到一年内的变化，以天为单位；③ 长周期时间分辨率，一般以年为单位。

天气预报、灾害监测等需要短周期的时间分辨率，常以小时为单位；植物、作物的长势监测、估产等需要用旬或日为单位；而城市扩展、河道变迁、土地利用变化等多以年为单位。总之，可根据不同的遥感目的，采用不同时间分辨率。

图 3.5　Worldview 全色 0.5 m 分辨率影像

（3）波谱分辨率。

波谱分辨率指传感器在接收目标辐射的波谱时能分辨的最小波长间隔，也称为光谱分辨率。间隔越小，分辨率越高。

常用的 TM 影像有 7 个波段，波段宽度约为 40 ～ 2 100 nm。而成像光谱仪的波段数可达到几十甚至几百个波段，波段宽度则为 5 ～ 10 nm。一般来说，传感器的波段数越多，波段宽度越窄，地面物体的信息越容易区分和识别，针对性越强。成像光谱仪所得到的图像在对地表植被和岩石的化学成分分析中具有重要意义，因为高光谱遥感能提供丰富的光谱信息，足够的光谱分辨率可以区分出那些具有诊断性光谱特征的地表物质。

对于特定的目标,选择的传感器并非波段越多,光谱分辨率越高,效果就越好,而要根据目标的光谱特性和必需的地面分辨率来综合考虑。在某些情况下,波段太多,分辨率太高,接收到的信息量太大,形成海量数据,反而会"掩盖"地物辐射特性,不利于快速探测和识别地物。因此,要根据需要,恰当地利用光谱分辨率。

（4）辐射分辨率。

辐射分辨率指传感器接收波谱信号时能分辨的最小辐射度差,在遥感图像上表现为每一像元的辐射量化级。

辐射分辨率与探测器的响应率和传感器系统内的噪声有直接关系,一般为噪声等效温度的 $2 \sim 6$ 倍。为了获得较好的温度鉴别力,红外系统的噪声等效温度限制在 $0.1 \sim 0.5\text{ K}$,而使系统的温度分辨率达到 $0.2 \sim 3.0\text{ K}$。目前,TM6 图像的温度分辨率可达到 0.5 K。

任务二　图　像　处　理

本任务在阐明遥感图像颜色基础后介绍遥感数据获取过程受到传感器、大气辐射传输、地表环境等方面的综合影响带来的辐射误差和几何误差导致遥感成像质量降低,为此需做一系列遥感图像处理以提高图像质量。本任务是遥感的重点和难点,希望学生掌握遥感数字图像的辐射校正、几何纠正,以及图像增强、图像融会等遥感图像预处理的基本原理和常用方法。

一、图像基础

（一）彩色图像特征

1. 色彩概述

（1）颜色性质。

颜色的性质由明度、色调、饱和度来描述。

① 明度（lightness）。是人眼对光源或物体明亮程度的感觉。与电磁波辐射亮度的概念不同,明度受视觉感受性和经验影响。非发光物体反射率越高,明度就越高。对光源而言,亮度越大,明度越高。

② 色调（huge）。是色彩彼此相互区分的特性。可见光谱段的不同波长刺激人眼产生了红、橙、黄、绿、青、蓝、紫等彩色的感觉。反射物体的颜色是不同反射率的不同波长的组合共同刺激人眼产生的颜色感觉。

③ 饱和度（saturation）。是彩色纯洁的程度,即光谱中波段是否窄、频率是否单一的表示。对于光源,发出的若是单色光就是最饱和的彩色。对于不发光物体的颜色,如果物体对光谱反射有很高的选择性,则只反射很窄的波段,饱和度高,否则饱和度低。

黑白色只用明度描述,不用色调、饱和度来描述。

为了形象地描述颜色性质之间的关系,通常用颜色立体来表现一种理想化的示意关系（图 3.6）。

图 3.6 中,中间垂直轴代表明度,从顶端到底端,由白到黑明度逐渐递减。中间水平面的圆周代表色调,顺时针方向由红、橙、黄、绿、青、蓝到紫逐步过渡。圆周上的半径大小代表

饱和度,半径最大时饱和度最大,沿半径向圆心移动时饱和度逐渐降低,到了中心便成了中灰色。如果离开水平圆周向上下白或黑的方向移动也说明饱和度降低。

这种理想化的模型可以直观表现颜色三个特性的关系,但与实际情况仍有不小差别。例如,黄色明度偏白,蓝色明度偏黑,它们的最大饱和度并不在中间圆面上。

另一种颜色立体——芒塞尔(A. H. Munsell)颜色立体(图 3.7)使颜色的划分更为标准化。

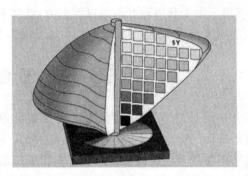

图 3.6　颜色立体示意模型　　　图 3.7　芒塞尔颜色立体示意图

图 3.7 中,中央轴代表无彩色的明度等级,顶部白为 10,底部黑为 0,从 0 至 10 共分为 11 个明度级。颜色立体的水平剖面是色调,沿顺时针方向分为红、红黄、黄、黄绿、绿、绿蓝、蓝、蓝紫、紫、紫红 10 种色调,每两种色调间各分 5 个等级。颜色离开中轴的水平距离代表饱和度的变化,称为芒塞尔彩度,表示相同明度值时饱和度的情况。中性色(黑灰白)时为 0,离开中轴越远,数值越大。不同的明度、色调和饱和度构成了颜色的不同色彩。任何颜色在芒塞尔系统中部可以用色调、明度和饱和度(彩度)三个坐标值表示,每一组坐标又可制成标准颜色样品以供相关参考对比。

芒塞尔颜色立体比理想颜色立体更接近实际情况,虽然并未达到十分完善,但对颜色性质的理解已更深入。

(2) 彩色合成方法。

如果有三种颜色,其中的任何一种都不能由其余两种颜色混合相加产生,而这三种颜色按一定比例混合可以形成各种色调的颜色,则这三种颜色称为三原色。实验证明,红(R)、绿(G)、蓝(B)三种颜色是最优的三原色。用三原色合成产生其他色彩主要有加色法和减色法两种。

① 加色法(additive mixture)是把三原色即红、绿、蓝按一定比例混合产生白色感觉的方法,或者以红、绿、蓝三原色中的两种以上色光按一定比例混合,产生其他色彩的彩色合成法(图 3.8)。常见的电视机、计算机显示器就采用了加色法原理生成不同色彩。图 3.8 中的青、品红、黄即为红、绿、蓝的补色,也是随后将要介绍的减色法三原色。

② 减色法是自然光(白光)中减去一种或两种原色光而生成色彩的方法(图 3.9),广泛应用于颜料配色和彩色印刷等色彩的产生。

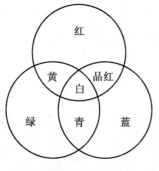

图 3.8　加色法示意图

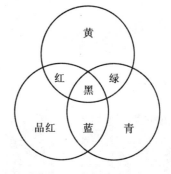

图 3.9　减色法示意图

颜料本身的色彩是由于本身选择性地吸收了入射自然光中一定波长的光,反射出未被吸收的色光而呈现出本身的色彩。例如,黄色颜料是由于本身吸收了自然光中的蓝色光,反射出未被吸收的红光和绿光叠加混合的结果;品红颜料是由于本身吸收了自然光中的绿光,反射出红光和蓝光相加的结果;同样,青颜料是由于吸收了自然光中的红光成分,反射蓝光与绿光的结果。

2.光学原理

(1)光学彩色合成。

① 加色法彩色合成。根据加色法原理,制作成各种合成仪器,选用不同波段的正片或负片组合进行彩色合成,是加色法合成的过程。根据仪器类别,可以将图像处理方法分为合成仪法和分层曝光法两种。

a.合成仪法。是将不同波段的黑白透明片分别放入有红、绿、蓝滤光片的光学投影通道中精确配准和重叠,生成彩色影像的过程(图 3.10)。采用的合成仪,一类是单纯光学合成系统,另一类是计算机控制式的屏幕合成系统。该方法简单易行,图像色彩鲜艳、影像清晰、层次丰富,是遥感图像光学增强中一种常用方法。

b.分层曝光法。指利用彩色胶片具有的三户乳剂,使每一层乳剂依次曝光的方法,采用的仪器为单通道投影仪或放大机。每次放入一个波段的透明片,依次使用红、绿、蓝滤光片,分三次或更多次对胶片或相纸曝光,使感红层、感绿层、感蓝层依次感光,最后冲洗成彩色片(图 3.11)。这一技术的关键是保证多次曝光时,多张黑白透明片的影像位置完全重合。三个滤色片在色度图上组成的颜色三角形越大,合成后的颜色就越丰富。

彩色合成效果决定于使用仪器者的技术熟练程度和经验丰富程度,以及彩色合成方案的选取是否合理。合成方案包括:相片时相的选择应有利于突出研究的对象;波段的选择应使蓝、绿、红所对应的波段合理匹配,饱和度调整得当,以保证识别对的信息被突出。工作时可利用普通照相放大机在暗室中进行,设备简单,操作方便,是一般学校、科研单位少量合成彩色图像的一种常用方法。

② 减色法彩色合成。利用减色法原理使白光经过多种(层)乳剂、染料或滤色片、透明片等反射或透射出来的合成得到的彩色是减色法彩色合成。根据不同的工艺和技术可以分为染印法、重氮法和印刷法三种。

a.染印法。是一种使用浮雕片、接收纸和冲显染印药制作彩色合成影像的方法。浮雕

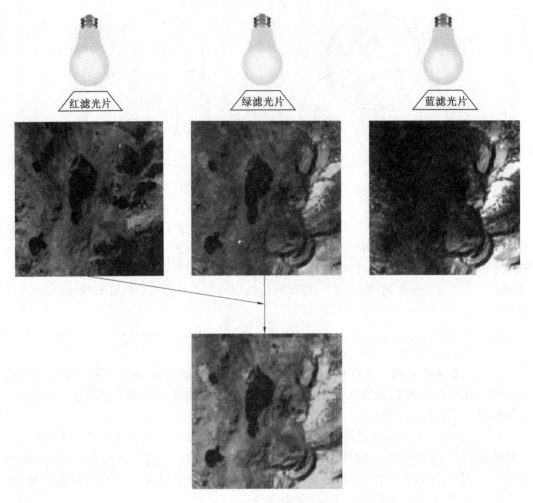

图 3.10　合成仪法示意图

片是一种特制的感光胶片,经曝光和暗室处理后能吸附酸性颜料。接收纸是一种不感光的特殊纸张,能吸收浮雕片上的酸性颜料。染印法合成把三种浮雕片上的染料先后转印到不透明的接收纸上,或分别转印在三张透明胶片上重叠起来阅读。

　　b.重氮法。是利用重氮盐的化学反应处理彩色单波段影像透明片的方法,各波段图像可重叠阅读。

　　c.印刷法。是利用彩色制版和印刷工艺,根据减色法原理进行的彩色合成。首先将彩色原图进行分光制成多张分光负片,然后再制成一定规格网目的分光正像透明片,晒制成锌板供印刷,印刷时不同的光版分别用黄、品红、青三种油墨依次准确套印印制成彩色图像。彩色印刷法成本低、复制速度快,适合生产大批量彩色图像。但由于在制版印刷过程中需要多次翻印以及印刷工艺中诸多因素影响,因此影像信息损失较大。

　　(2)光学增强处理。

　　光学增强处理主要有以下四种方法。

　　① 改变对比度。使用两张同波段同地区的负片(或正片)进行合成,一张反差适中,另

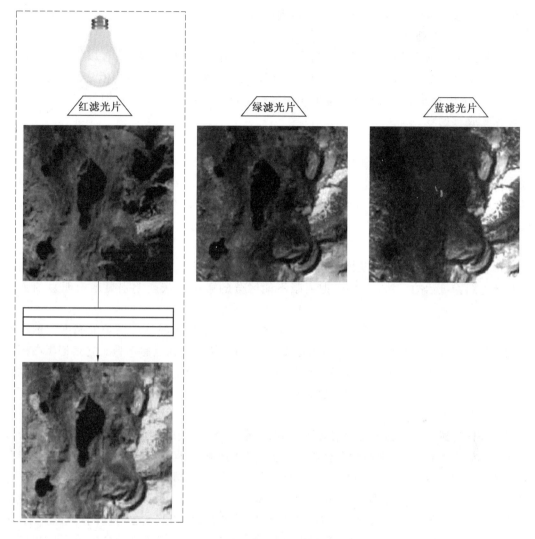

图 3.11　分层曝光法示意图

一张反差较小,合成后反差加大,从而提高对比度。

　　② 相关掩膜处理方法。指对于几何位置完全配准的原片,利用感光条件和摄影处理的差别制成不同密度、不同反差的正片或负片(称为模片),通过它们的各种不同叠加方案改变原有影像的显示效果,达到信息增强目的的方法。可以将原先分辨不清或不够突出的目标突出出来,把不必要的信息变得不太清楚,以达到增强主题的目的。

　　③ 边缘突出。目的在于突出线性特征。先将两张反差相同的正片和负片叠合配准,再沿希望突出的线性特征的垂直方向错位,使线性地物产生黑白条的假阴影。这种影像如同雕刻,故又称为浮雕法。在处理时,应注意曝光时像片移动的方向应该大致与图像中主要轮廓线或构造线的方向垂直,以使增强效果更好。

　　④ 显示动态变化。不同时相同一地区的正负片影像叠合掩膜,当被叠合影像反差相同时,凡密度发生变化的部分就是动态变化的位置,这种方法又称为比值影像法。将同一时相

不同波段的影像做比值可以识别出一些特别的信息。

（3）光学信息处理。

利用光学信息处理系统，即一系列光学透镜按一定规律构成的系统，可以实现对输入数据并行的线性变换，适合做二维影像处理。在遥感光学处理中，主要涉及相关光学的处理过程。例如，运用光栅滤波法实现图像的相加和相减，利用单色光通过介质时的位相变化使黑白影像变成彩色影。

（二）彩色增强

单波段或多波段遥感图像可按一定的规则进行颜色组合和处理，生成一幅彩色图像，增强原来遥感图像的光谱特征，以便于解译和提取有用信息。单波段图像的彩色处理称为伪彩色合成（pseudo color composition），多波段遥感图像的彩色处理称为假彩色合成（false color composition）。

1. 伪彩色合成。

伪彩色合成是把单波段灰度图像中的不同灰度级按特定的函数关系变换成彩色，然后进行彩色图像显示的方法，它可以把人眼不能区分的微小的灰度差别显示为明显的色彩差异。

密度分割或密度分层是伪彩色合成方法之一，通过对单波段遥感图像的亮度范围进行分割，使一定亮度间隔对应于某一类地物或几类地物，从而增强遥感图像。它是把黑白图像的灰度级从 0（黑）到 M_0（白）分成 N 个区间 $L_i(i=1,2,\cdots,N)$，给每个区间 L_i 指定一种颜色 C_i，这样便可以把一幅灰度图像变成伪彩色图像。

2. 假彩色合成。

多波段遥感图像所选的三个波段中，如果存在一个或多个波段，其光谱响应区间与合成时所赋的颜色不相对应，则地物在合成图像上的颜色与实际真实的颜色不相对应，这种彩色合成为假彩色合成。例如，TM 彩色合成若使用 TM4（R）、TM3（G）和 TM2（B），由于 TM4、TM3、TM2 的光谱区间分别为 $0.76\sim0.90\ \mu m$、$0.63\sim0.69\ \mu m$ 和 $0.52\sim0.60\ \mu m$，在电磁波谱上分属红外、红和绿光范围，而合成时分别赋以红、绿和蓝颜色，则在合成图像上，植被呈红色调，Fe_2O_3 含量较多的岩石和土壤呈绿色调。TM 图像的这种合成可以突出图像上地物色调特征的色彩差别，被称为标准假彩色合成（图 3.12）。

3. 彩色变换。

计算机彩色显示器的显示系统采用 RGB 色彩模型，遥感图像处理过程中常采用 IHS 色彩模型。

亮度（lightness）、色度（hue）、饱和度（saturation）表达的彩色与人眼看到的更为接近。RGB 和 IHS 两种色彩模式之间可以相互转换，常用的转换方法有球体变换、三角形变换、圆柱体变换等。

在球体变换模型中（图 3.13）：① 亮度值从 0（黑）到 1（白）变化；② 饱和度从 0 到 1 线性变化；③ 色度表示像元的颜色或波长，它的变化从红色的中心点 $0°$ 经过绿色和蓝色回到红色的中心点 $360°$，形成一个圆周。

(a) 真假彩色合成R(TM3)G(TM2)B(TM1)

(b) 标准假彩色合成(TM4)G(TM3)B(TM2)

(c) 假彩色合成R(TM5)G(TM4)B(TM3)

(d) 假彩色合成R(TM7)G(TM4)B(TM3)

图 3.12　TM 图像的彩色合成

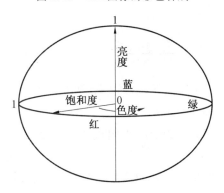

图 3.13　球体彩色空间

二、辐射校正

由于遥感图像成像过程的复杂性,因此传感器接收到的电磁波能量与目标本身辐射的能量是不一致的。传感器得到的观测值与目标反射率(reflectance)或辐射亮度(radiance)等物理量之间的差值称为辐射误差。传感器接收到的能量包含由太阳位置、大气条件、地形影响和传感器本身的性能等引起的各种失真,这些失真不是地面目标的辐射,它们对图像的使用和理解造成影响,必须加以校正和消除。这种消除图像数据中依附在辐射亮度里的各种失真过程称为辐射校正。完整的辐射校正包括遥感器校正、大气校正、太阳高度和地形校正等。

（一）辐射误差产生的原因

辐射误差来源于传感器响应、大气传输过程（云和雾）和太阳照射的影响（位置和角度）等。

1. 传感器响应特性的影像

对于遥感传感器来说，探测装置对电磁波辐射存在一定的响应特征，在记录这些电磁信号强弱的过程中不可避免地存在一定程度的误差。例如，对于光电扫描系统来说，传感器接收系统收集到的电磁波信号经光电转换系统变成电信号记录下来，探测器的响应特性就会产生辐射误差。

2. 因大气影响引起的辐射误差

电磁辐射在大气传输过程中，大气会对其产生吸收和散射作用，入射到传感器的电磁波能量除了地物本身的辐射以外，还有大气引起的散射光，这些辐射畸变成分会降低遥感图像的对比度和清晰度，使图像的分辨力降低。

太阳光在到达地面目标之前，大气会对其产生吸收和散射作用。同样，来自目标物的反射光和散射光在到达遥感平台上的传感器之前也会被吸收和散射。入射到传感器的电磁波能量除地物本身的辐射以外还有大气引起的散射光（图 3.14）。辐射误差的来源归纳为大气的消光（吸收和散射）、天空光（大气散射的太阳光）照射、路径辐射等。

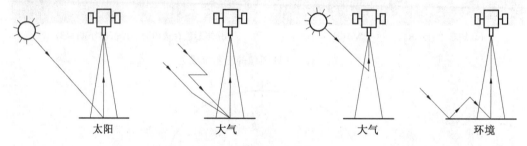

图 3.14　进入传感器的辐射能量示意图

3. 因太阳辐射差异引起的辐射误差

太阳的辐射差异引起的误差可以分为太阳位置变化带来的太阳辐射差异、地形起伏引起的辐射差异等。

太阳位置主要随太阳高度角和方位角变化，它们的变化直接导致太阳辐照度的变化，当产生辐射差异时，地物的反射率也就随之改变。

另外，地形起伏也对太阳的辐照度产生影响。地形对太阳辐射的影响主要表现为不同倾角的地表对入射辐射亮度产生变化，造成同类地物灰度不一致的现象。

（二）辐射定标

辐射定标是将传感器记录的电压或数字值转换成绝对辐射亮度的过程，这个辐射亮度与传感器图像构成特性无关。通过传感器辐射定标可以将传感器输出值（DN）转换成云顶辐射亮度，它是定量遥感中非常重要的过程。

辐射定标包括三方面内容：① 发射前的实验室定标；② 基于星载定标器的飞行中定标；③ 在轨运行期间采用基于陆地或海面特性的"替代定标"，或借助其他卫星进行的"交叉定标"。

辐射定标通常采用一个线性公式,在传感器输出值与传感器入瞳处的辐射亮度之间建立联系,公式为

$$Y = AL \tag{3.1}$$

式中,Y 是传感器输出值;A 是绝对定标系数矩阵;L 是辐射亮度。矩阵 A 可在发射前通过精确的测量确定,利用第二或者第三标准光源(如白炽灯、太阳等),由星上定标设备进行在轨监视(在轨定标),也可以利用特定、已知的地面目标,通过星-地同步观测进行外场定标。

(三) 大气校正

大气的吸收、散射及其他随机因素影响导致图像模糊失真,会造成图像分辨率和对比度相对下降,消除这些影响的处理过程称为大气校正(atmospheric correction)。

遥感图像的大气校正方法有多种,按校正后的结果可以分为绝对大气校正和相对大气校正。相对大气校正方法校正后得到的图像中,相同的传感器输出值表示相同的地物反射率,其结果不考虑地物的实际反射率。绝对大气校正方法是将遥感图像的传感器输出值转换为地表反射率或地表反射辐亮度的方法。

利用地面实况数据进行大气校正是一种常用的方法,它利用预先设置的反射率已加的标志,或者测出适当的目标物的反射率,把地面实测数据和传感器输出的图像数据进行比较,消除大气的影响。但这种方法仅适用于地面实况数据特定的地区及时间,具体实施存在一定难度。从遥感图像出发分析其成像机理和成像过程可以对其进行大气粗略校正,常用的方法包括直方图最小值去除法、回归分析法等。另外,还可以利用辐射传输方程对大气影响进行定量分析,从而去除遥感图像中的大气影响。

1. 直方图最小值去除决

直方图以统计图的形式表示亮度与像素个数之间的关系,从直方图统计中可以找出一幅图像中的最小亮度值。

直方图最小值去除法的基本思想为:一幅图像中总可以找到一种或者几种辐射亮度(反射率)接近于零的地物类型,如地形起伏区域的山地阴影、反射率较低的水体等,如果这些像素的亮度值不为零,则可以近似地认为这个值就是大气散射导致的辐射值。校正时,将各波段中的每个像素亮度值都减去本波段的最小值,从而使图像亮度的动态范围得到改善,提高图像质量。

2. 回归分析法

由于大气散射主要影响短波部分,波长较长的波段几乎不受影响,因此可用其校正其他波段数据。在不受大气影响的波段图像和待校正的某一波段图像中,选择从最亮到最暗的一系列目标,对每一目标的两个波段亮度值进行回归分析,如 MSS 的第 4 和第 7 波段,其亮度值分别为 L4 和 L7(图 3.15),回归方程为

$$Y = a_4 + b_4 X \tag{3.2}$$

式中,X 为 7 波段的亮度值;Y 为 4 波段的亮度值。算出 a_4、b_4 的值即可对 4 图像进行校正,其中截距 a_4 就是 4 图像的大气纠正值。

3. 辐射传输模型

在诸多的大气校正方法中,校正精度较高的方法是辐射传输模型法(radiative transfer models)。辐射传输模型法是利用电磁波在大气中的辐射传输原理建立起来的模型对遥感

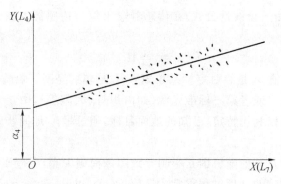

图 3.15　图像像元灰度值回归分析

图像进行大气校正的方法，如"6S"模型(Second Simulatin of the Satellite Signal in the Solar Spectrum)、LOWTRAN 模型(Low Resolution Transmission)、MODTRAN 模型(Moderate Resolution Transmissin)、大气去除程序 ATREM(The Atmosphere Removal Program)、紫外线和可见光辐射模型 UVRAD(Ultraviolet and Visible Radiation Model)、空间分布快速大气校正模型 ATCOR(A Spatially-Adaptive Fast Atmospheric Correction)等。其中以"6S"模型、LOWTRAN 模型、MODTRAN 模型和 ATCOR 模型应用最为广泛。

除以上介绍的这些大气校正方法外，还有一些其他大气校正的方法。例如，在同一平台上，除了安装获取目标图像的遥感器外，还安装了专门测量大气参数的遥感器，利用这些数据进行大气校正。另外，还可以利用植被指数转换进行 AVHRR 的大气校正等。

(四) 太阳高度和地形校正

相对于地面，太阳位置在年内和日内随着时间的不同而不同。为了获得每个像元真实的光谱反射，经过遥感器和大气校正的图像还需要更多的外部信息进行太阳高度和地形校正。通常这些外部信息包括大气层透过率、太阳直射光辐照度和瞬时入射角(取决于太阳入射角和地形)。

设太阳角度为 θ，进行太阳高度校正，公式为

$$DN' = \frac{DN}{\sin \theta} \tag{3.3}$$

式中，DN' 为输出像元的值；DN 为原始图像像元的值。

当地形平坦时，瞬时入射角比较容易计算。但是对于倾斜的地形，经过地表散射、反射到遥感器的太阳辐射量就会依倾斜度而变化，因此需要用 DEM(数字高程模型)计算每个像元的太阳瞬时入射角来校正其辐射亮度值。

通常在太阳高度和地形校正中，都假设地球表面是一个朗伯反射面。但事实上，这个假设并不成立，最典型的如森林表面，其反射率就不是各向同性，因此需要更复杂的反射模型。

三、几何纠正

遥感图像几何纠正的目的是纠正原始图像中的几何变形，即通过对图像获取过程中产生的变形、扭曲等的分析，尽可能地缩减几何变形影响，得到具有较高几何精度的图像。遥

感数据接收后,首先由接受部门根据遥感平台、地球曲率、传感器的各种参数进行粗纠正,当用户拿到这种产品后,还需要根据不同应用的几何精度要求,对其做进一步精纠正。

（一）几何畸变产生的原因

遥感图像的几何变形误差可以分为静态误差和动态误差两大类。静态误差指在成像过程中,传感器相对于地球表面呈静止状态时所具有的各种变形误差;动态误差则主要是由于在成像过程中,地球的旋转所造成的图像变形误差。

静态误差又可分为内部误差和外部误差两类变形误差。内部误差主要是传感器自身的性能造成的,随传感器的结构不同而异;外部变形误差指由传感器以外的各因素造成的误差。

本节主要讨论静态误差中的外部误差,其几何畸变常来源于传感器平台的位置、姿态、速度的变化,并受到诸如全景畸变、地球曲率、大气折射、地形高低等多种因素的影响。

1. 传感器外方位元素变化

传感器的外方位元素通常指传感器成像时的位置(X,Y,Z)和姿态角$(\varphi,\bar{\omega},\kappa)$。当外方位元素偏离标准位置时,就会使图像产生变形。

2. 地表起伏的影响

当地形存在起伏时,会产生局部像点的位移,使原来本应是地面点的信号被同一位置上某高点的信号代替。由于高差的原因,实际像点P距像幅中心的距离相对于理想像点P_0距像幅中心的距离移动了Δr(图 3.16)。

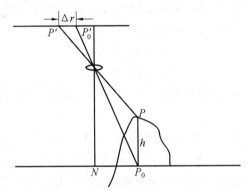

图 3.16　地形引起的像点位移图

3. 地球曲率的影响

地球是椭球体,因此地球表面是曲面,也会引起像点位置的移动。地球曲率引起的像点位移类似地形起伏引起的像点位移(图 3.17)。

4. 大气折射的影响

电磁波在大气层传输过程中会受到大气折射的影响,其传播的路径不是一条直线而变成了曲线,进而引起了像点位移(图 3.18)。大气层是一个非均匀的介质,通常情况下,其密度是随离地面的高度增加而递减的,所以电磁波在大气中的传播时,折射率也随距地面的高度而改变。

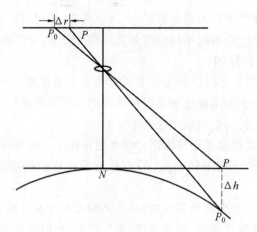

图 3.17　地球曲率的影响图

（二）多项式纠正

几何畸变有多种纠正方法，多项式纠正是一种通用的地形纠正方法，适合在地面平坦、不需考虑高程信息，或地面起伏较大而无高程信息，以及传感器的位置和姿态参数无法获取的情况使用。

1. 多项式模型

遥感影像的总体变形可以视为平移、缩放、旋转、偏扭、弯曲及其他变形综合作用的结果。如图 3.19 所示，对于 $X'Y'$ 坐标系的点 $(X'=2.4, Y'=2.7)$，纠正后的空间位置应为 XY 坐标系的点 $(X=5, Y=4)$，它们之间存在函数关系，即

$$\begin{cases} X = f_X(X', Y') \\ Y = f_Y(X', Y') \end{cases} \tag{3.4}$$

几何纠正的实质就是求算函数 f_X 和 f_Y，对于多项式纠正模型，构建的是 n 次多项式模型，如二次多项式模型为

$$\begin{cases} X = a_{00} + a_{10}X' + a_{01}Y' + a_{11}X'Y' + a_{20}X'^2 + a_{02}Y'^2 \\ Y = b_{00} + b_{10}X' + b_{01}Y' + b_{11}X'Y' + b_{20}X'^2 + b_{02}Y'^2 \end{cases} \tag{3.5}$$

几何纠正的关键是解算出二次多项式方程组，即式（3.5）中的参数 a_{00}、a_{10}、a_{01}、a_{11}、a_{20}、a_{02}、b_{00}、b_{10}、b_{01}、b_{11}、b_{20}、b_{02}。

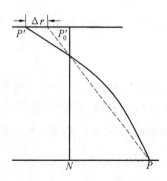

图 3.18　大气折射的影响

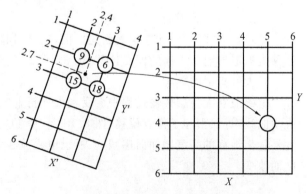

图 3.19　原始数据及纠正后的空间位置示意图

2.采集控制点

求算式(3.5)中的 12 个系数,由线性理论知,必须列出至少 12 个方程,即找到 6 个原始数据(待纠正图像)和纠正数据(参考图像)之间的对应点,这些对应点称为控制点。常用的多项式纠正过程中所需最少控制点数量见表 3.5。

表 3.5 常用的多项式纠正过程中所需最少控制点数量

多项式次数	需要的最少控制点数量
1	3
2	6
3	10

n 次多项式需要的控制点数量可以表示为

$$N = \frac{(n+1) \cdot (n+2)}{2} \tag{3.6}$$

式中,N 为所需采集的控制点的数量;n 为多项式次数。

为了提高几何纠正的精度,实际工作中所采集的控制点往往多于 12 个,控制点增加后,计算方法也有所改变,一般通过对控制点数据进行最小二乘法拟合来求算系数。

确定控制点是几何纠正中最重要的一步,地面控制点的数量、分布和精度直接影响几何纠正的效果。常用的控制点的采集方法包括图像－图像、图像－地形图、图像－手工输入点坐标等。

控制点的精度和选取的难易程度与图像的质量、地物的特征及图像的空间分辨率密切相关,控制点应当具有以下特征。

(1) 在图像上有明显的、清晰的定位识别标志,如道路等线性地物的交叉点、建筑边界、农田边界线等。

(2) 控制点上的地物不随时间而变化,以保证当两幅不同时段的图像或地图几何纠正时可以同时识别出来,如水库边线由于水域范围变化过大,不宜采集控制点。

(3) 在没有做过地形纠正的图像上选控制点时,应在同一地形高度上进行。

(4) 控制点应当均匀地分布在整幅图像内,且要有一定的数量保证。

3.确定纠正后图像的边界范围

纠正后图像和原始图像的形状、大小、方向都不一样,所以必须首先确定新图像的边界范围。

如图 3.20 所示,原始图像的边界范围 $abcd$ 经几何纠正后变为 $a'b'c'd'$,在图像坐标系中,原始图像和纠正后图像的最大、最小边界值都发生了变化,必须求算出这些边界值,进一步确定输出图像像元的大小。

4.确定纠正后图像的像元灰度值 —— 图像重采样

对采样后形成的由离散数据组成的数字图像,按所需的像元位置或像元间距重新采样,以构成几何变换后的新图像。重采样过程本质上是图像恢复过程,它用输入的离散数字图像重建代表原始图像二维连续函数,再按新的像元间距和像元位置进行采样。常用的采样方法有以下三种。

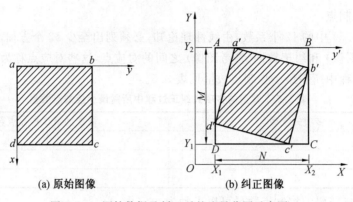

(a) 原始图像　　　　(b) 纠正图像

图 3.20　原始数据及纠正后的边界范围示意图

（1）最邻近法。

直接取与待定像元点位置最近的像元点灰度值为重采样值，最临近法重采样示意图如图 3.21 所示。

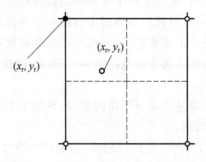

图 3.21　最临近法重采样示意图

（2）双线性内插法。

取待定像元周围的 4 个邻点，分别在 X 方向（或 Y 方向）内插两次，再在 Y 方向（或 X 方向）内插一次，得到该像元的灰度值，双线性内插法重采样示意图如图 3.22 所示。

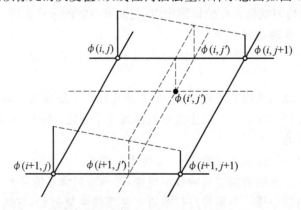

图 3.22　双线性内插法重采样示意图

（3）三次卷积法。

是在双线性内插法的基础上进一步提高内插精度的一种方法，取待定像元周围的 16 个点,分别在 X 方向(或 Y 方向)内插四次,再在 Y 方向(或 X 方向)内插一次,得到该像元的灰度值,三次卷积法重采样示意图如图 3.23 所示。

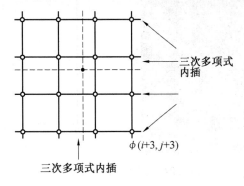

三次多项式内插

$\phi(i+3, j+3)$

三次多项式内插

图 3.23 三次卷积法重采样示意图

最邻近法由于只能够达到 0.5 个像元的图像精度,因此在重采样的精度方面存在一定不足;双线性内插法和最邻近法相比具有较大的改进,但要注意图像重采样可能会导致图像平滑;三次卷积法计算量较大。

四、图像增强

遥感图像的辐射校正和几何纠正预处理完成了遥感图像辐射和几何方面的误差改正工作,为遥感数据的后续处理奠定了基础。但是,有些遥感图像由于成像过程中其他因素的影响,目视效果较差,如对比度不够、图像模糊等;有些图像由于边缘部分或线状地物不够突出等,对遥感解译造成不便;有些图像波段多、数据量大,但各波段的信息存在冗余,可以进一步进行压缩处理。针对这些具体应用目标,需要对遥感图像增强处理。

遥感数字图像增强的主要方法可分为辐射增强、空间增强、多光谱增强、图像融合、频率域增强等,本节主要讨论前四种增强方法。辐射增强可以改变图像的灰度等级,提高图像对比度;空间增强可以消除边缘和噪声,平滑图像,或者突出边缘或线状地物,锐化图像;多光谱增强可以压缩图像数据量,突出主要信息;图像融合可以合成多分辨率彩色图像。

(一) 辐射增强

辐射增强处理(radiometric enhancement)对单个像元的灰度值进行变换以达到图像增强的目的。辐射增强处理可以改进图像的亮度、对比度,从而改善图像的质量,主要包括直方图调整、图像拉伸等。

1. 直方图

灰度直方图描述的是图像中具有该灰度级的像元的个数。确定图像像元的灰度值范围,以适当的灰度间隔为单位将其划分为若干等级,以横轴表示灰度级,以纵轴表示每一灰度级具有的像元数或该像元数占总像元数的比例值,做出的条形统计图即为灰度直方图(图 3.24)。

2. 图像拉伸

图像拉伸是一种通过改变图像像元的亮度值来改变图像像元对比度,从而改善图像质量的图像处理方法。它可以将图像中过于集中的像元分布区域(亮度值分布范围)拉开扩展,扩大图像反差的对比度,增强图像表现的层次性(图 3.25)。

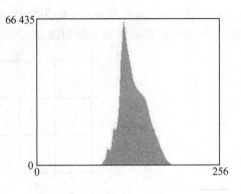

图 3.24　图像及其灰度直方图

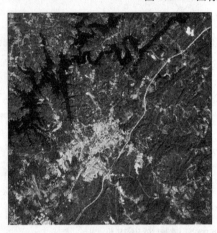

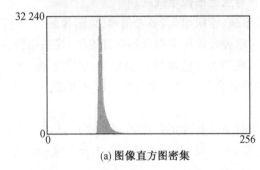
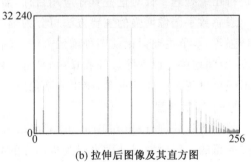

(a) 图像直方图密集　　　　　　　　(b) 拉伸后图像及其直方图

图 3.25　遥感图像直方图拉伸前后图像显示效果对比

　　根据图像拉伸函数的不同类别,可以分为线性拉伸和非线性拉伸等。如一幅图像亮度范围为 $a_1—a_2$,现在欲将亮度范围变换为 $b_1—b_2$,可以设计一个线性变换函数,公式为

$$x_b = \frac{b_2 - b_1}{a_2 - a_1}(x_a - a_1) + b_1 \tag{3.7}$$

　　有时为了更好地调节图像对比度,需要在一些亮度范围拉伸,而在另外一些亮度段压缩,这种变换称为分段线性变换。

　　当变换函数为非线性时,即为非线性拉伸。非线性变换的函数很多,常用的有指数变换和对数变换。遥感图像线性拉伸示意图如图 3.26 所示,公式为

$$x_b = b\lg(ax_a + 1) + c \tag{3.8}$$

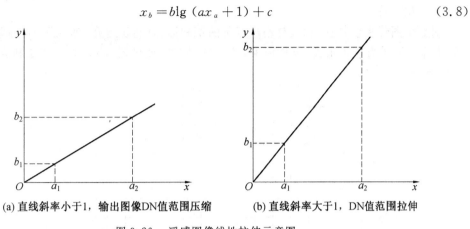

(a) 直线斜率小于1,输出图像DN值范围压缩　　　(b) 直线斜率大于1,DN值范围拉伸

图 3.26　遥感图像线性拉伸示意图

式(3.7)和式(3.8)中,a、b、c为可调参数,可以改变指数、对数函数的形态,从而实现不同的拉伸比例。

指数变换和对数变换对图像压缩或者拉伸效应不一样:指数变换图像灰度低值部位压缩、高值部位拉伸;对数变换图像灰度低值部位拉伸、高值部位压缩(图 3.27)。

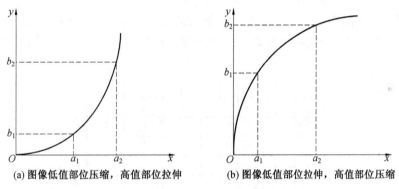

(a) 图像低值部位压缩,高值部位拉伸　　　(b) 图像低值部位拉伸,高值部位压缩

图 3.27　指数、对数拉伸示意图

3.直方图均衡化和规定化

由于成像的原因,因此有些遥感图像的灰度值集中在较窄的范围内,表现为图像对比度低、细节不够清晰。为了拉开灰度值的分布范围或使灰度均匀分布,增大反差,使图像细节清晰,通常采用直方图均衡化及直方图规定化变换方法。

直方图均衡化(histogram equalization)是将原图像进行拉伸处理,使直方图变为均匀的直方图,从而获得一幅灰度分布均匀的新图像。直方图规定化指使一幅图像的直方图变成规定形状的直方图而对图像进行变换的增强方法。

(二) 空间增强

空间增强也称为空间滤波(spatial enhancement),指在图像空间域(x,y)对输入图像应用滤波函数对原始图像进行改进的一种处理技术,其效果有噪声的消除、边缘及线性特征增强、图像清晰化等。

1. 卷积运算

对数字图像来说，空间滤波是通过局部的积和运算（卷积运算）来实现的，通常采用 $n \times n$ 的矩阵算子作为卷积函数（也称模板、滤波核、掩模、滤波器等）。原始图像和卷积模版如图 3.28 所示。

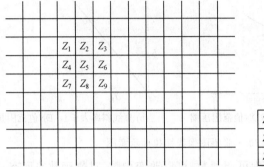

图 3.28　原始图像和卷积模版

用卷积模板对原始数字图像进行如下运算，即

$$R = Z_1 \cdot W_1 + Z_2 \cdot W_2 + Z_3 \cdot W_3 + Z_4 \cdot W_4 + Z_5 \cdot W_5 +$$
$$Z_6 \cdot W_6 + Z_7 \cdot W_7 + Z_8 \cdot W_8 + Z_9 \cdot W_9$$

采用结果 R 替换中心像元值，卷积运算后的数字图像如图 3.29(a) 所示。然后对整个数字图像移动卷积模板完成整幅数字图像的卷积处理，卷积运算过程示意图如图 3.29(b) 所示。

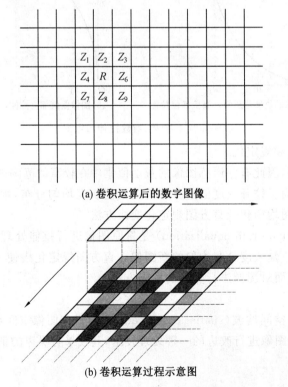

(a) 卷积运算后的数字图像

(b) 卷积运算过程示意图

图 3.29　卷积运算后的数字图像及卷积运算过程示意图

2.图像平滑

图像在传输过程中,传输信道、采样系统质量较差,或受各种干扰的影响,会造成图像毛糙,在这种情况下,就需对图像进行平滑处理。常用的图像平滑方法包括均值滤波、中值滤波等。

(1)均值滤波。

在以每个像元为中介的区域内,取图像的平均值来代替该像元值,以达到去除尖锐噪声和平滑图像的目的,如 3×3 的卷积模版可以用矩阵表示为

$$\begin{bmatrix} 1 & 1 & 1 \\ 1 & 1 & 1 \\ 1 & 1 & 1 \end{bmatrix}$$

其卷积运算公式为

$$R = \frac{1}{9}\sum_{i=1}^{3}\sum_{j=1}^{3}Z_{ij}\cdot W_{ij} \tag{3.9}$$

如图 3.31 所示为某遥感数字图像的局部,高亮像元可视为图像的"噪声",亮度变化较大部位为图像的边缘,图像平滑处理可以弱化图像边缘效果。该区域对应的数字阵列如图 3.30(a)所示,若采用 3×3 均值滤波模版,对该数字图像进行平滑处理的输出结果如图 3.30(b)所示。

0	10	16	20	26	28	26	10
0	8	18	28	30	22	12	4
20	20	26	30	24	12	16	18
18	20	24	16	10	16	16	18
18	18	18	10	14	14	16	16
14	16	6	8	14	12	12	8
10	2	12	8	12	14	4	4
10	2	2	8	12	14	4	4

(a)数字图像对应的灰度值

0	10	16	20	26	28	26	10
0	13	19	24	24	21	16	4
20	17	21	22	20	17	14	18
18	20	20	19	16	15	15	18
18	16	15	13	12	13	14	16
14	11	9	10	11	12	11	8
10	7	6	8	11	10	8	4
10	2	2	8	12	14	4	4

(b)图像平滑处理后的灰度值

图 3.30　数字图像对应的灰度值及图像平滑处理后的灰度值

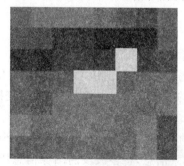

图 3.31　某遥感数字图像的局部

(2)中值滤波。

中值滤波是将每个像元在以其为中心的邻域内取中间亮度值来代替中心像元值,以达

到去除尖锐噪声和平滑图像的目的。

一般来说,图像亮度呈阶梯状变化时,取均值平滑比取中值滤波效果要好,而对于突出亮点噪声的干扰,从去噪后对原图像的保留程度来看,中值滤波效果要好。

3.图像锐化

为了突出图像的边缘、线状目标或某些亮度变化率大的部分,可采用锐化方法,锐化后的图像不再具有原图像特征而成为边缘图像,常用的方法有罗伯特梯度法、索伯尔梯度法、拉普拉斯算法等。

(1)罗伯特梯度法。

梯度反映了相邻像元的亮度变化率,如果图像中存在边缘,则在边缘处有较大的梯度值。罗伯特梯度法可以近似的用模板表示为

$$|\operatorname{grad} f| = |t_1| + |t_2| \tag{3.10}$$

式中,$|\operatorname{grad} f|$ 表示梯度;t_1、t_2 为模板,表示为

$$t_1 = \begin{bmatrix} 1 & 0 \\ 0 & -1 \end{bmatrix}, t_2 = \begin{bmatrix} 0 & -1 \\ 1 & 0 \end{bmatrix} \tag{3.11}$$

(2)索伯尔梯度法。

索伯尔梯度法是罗伯特梯度法的改进,其模版为

$$t_1 = \begin{bmatrix} 1 & 2 & 1 \\ 0 & 0 & 0 \\ -1 & -2 & -1 \end{bmatrix}, t_2 = \begin{bmatrix} -1 & 0 & 1 \\ -2 & 0 & 2 \\ -1 & 0 & 1 \end{bmatrix} \tag{3.12}$$

由于索伯尔梯度法将窗口由 2×2 扩大到 3×3,较多地考虑了邻接点的关系,因此边界检测更加精确。

(3)拉普拉斯算法。

拉普拉斯算法的模板为

$$\begin{bmatrix} 0 & 1 & 0 \\ 1 & -4 & 1 \\ 0 & 1 & 0 \end{bmatrix} \tag{3.13}$$

它可以检测数字图像变化率的变化率,相当于二阶导数,可以更好地突出图像亮度突变位置。

(三)多光谱增强

多光谱图像波段多、信息量大,这对图像解译有很大帮助。但是一些波段之间存在不同程度的相关性,即数据冗余。通过多光谱变换,可以保留主要信息、减少数据量、增强有用信息、改善图像的信噪比。常用的变换有 K-L 变换、K-T 变换等。

1.K-L 变换

K-L 变换是离散变换的简称,又称为主成分分析(principal components analysis,PCA),是一种去除波段间的冗余信息,将多波段的图像信息压缩到比原波段更有效的少数几个转换波段的方法。它对某一多光谱图像 X 利用 K-L 变换矩阵 $\boldsymbol{A}$ 进行线性组合,从而产生一组新的多光谱图像 Y。

K-L 变换的特点如下。

（1）变换后的主分量空间与变换前的多光谱空间坐标系相比旋转了一个角度（图 3.32）。

（2）新坐标系的坐标轴一定指向数据量较大的方向。

（3）可实现数据压缩和图像增强。

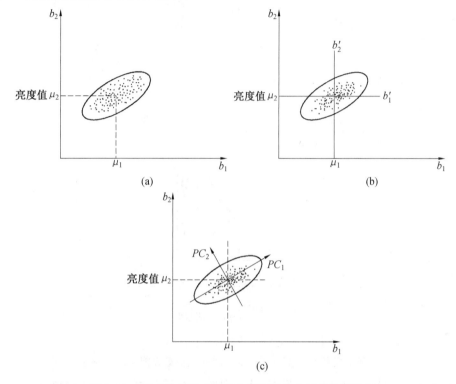

图 3.32　主成分分析中主成分和原图像之间的空间关系

2. K－T 变换

是 Kauth－Thomas 变换的简称，也称为缨帽变换，是一种坐标空间发生旋转的线性变换，旋转后的坐标轴指向与地面景物有密切关系的方向。主要针对 TM 和 MSS 数据，对于扩大陆地卫星 TM 影像数据在农业方面的应用有重要意义。

K－T 变换与主成分分析不同的是变换后的分量尚有残余的相关。通过缨帽变换可获得六项特征，其中前三项具有明确的物理－景观含义，后三项分量没有与景物明确的对应关系，因此变换后只取前三项分量。

（1）第一特征为亮度。反映总体反射率的综合效果，并仅与影响总体反射率的物理过程有关。

（2）第二特征为绿度。是可见光波段植物光合作用吸收与近红外植物强反射的综合影响，与地面植被覆盖、叶面积指数以及生物量有很大关系。

（3）第三特征为湿度。是可见光、近红外波段反射能量的综合与两处中红外波段反射能量的差值，反映地面水分条件，特别是土壤的湿度状态。

为更好地分析农作物生长过程中植被与土壤特征的变化，将亮度 y_1 和绿度 y_2 两个分量组成的二维平面叫作植被视面；将亮度 y_1 和湿度 y_3 两个分量组成的二维平面叫作土壤视面；将湿度 y_3 和绿度 y_2 两个分量组成的二维平面叫作过渡区视面(图 3.33)。

绿度
亮度
1
2
3
4
湿度
亮度
1
2
3
4
绿度
亮度
1
2
3
4

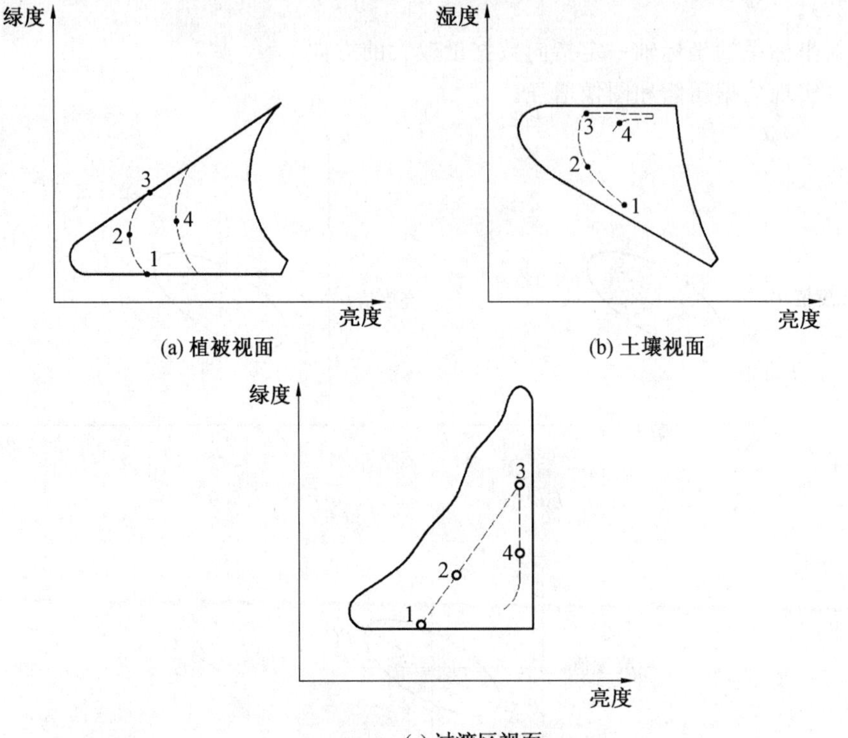

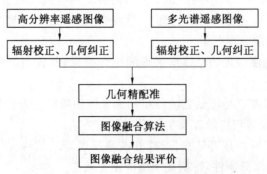

(a) 植被视面　(b) 土壤视面　(c) 过渡区视面

图 3.33　农作物生长视图

1— 裸土(种子破土前)；2— 生长；3— 植被最大覆盖；4— 衰老

将三个坐标分量立体化成三维形态，其外观像一顶带穗的帽子，所以称为“缨帽变换”。

(四) 图像融合

图像融合可以分为像素级、特征级、决策级三个层次。像素级融合是最低层次的图像融合，建立在单个像元单位基础上，将经过商精度图像配准后的多源影像数据按照一定的融合原则进行像素的合成，生成一幅新的遥感图像。像素级图像融合的技术流程如图 3.34 所示。

高分辨率遥感图像
多光谱遥感图像
辐射校正、几何纠正
辐射校正、几何纠正
几何精配准
图像融合算法
图像融合结果评价

图 3.34　像素级图像融合的技术流程

（1）数据预处理。

将高空间分辨率的遥感图像（全色图像）和多光谱遥感图像分别进行几何精纠正和互配准处理，消除因几何变形带来的误差，将多光谱遥感图像重采样到和高空间分辨率图像一致的空间分辨率。

（2）融合处理。

按照一定的融合规则，将高空间分辨率和多光谱数据进行融合处理，保留二者优势，即来自高空间分辨率图像的空间信息、多光谱数据的光谱特性等。

（3）应用。

对融合结果进行分析评价，并开展各行业应用。

任务三　遥感图像的目视解译

本任务主要介绍目视解译的原理、方法，目标地物的影像特性，以及目视解译的基本步骤和几种常见方法。目视解译技能是从事遥感的基本技能，希望同学重点掌握如何建立目视解译标志，掌握遥感图像目视解泽方法与工作步骤，熟悉常见的遥感图像解译。

遥感仪器自空中获得大量的地面目标信息数据，通过电磁波或磁带回收等方式传送回地面，由地面接收站截获并加以记录。地面接收站收到的遥感信息通过适当的处理才能加以利用。将接收的原始遥感数据加工制成可供观察和分析的可视图像和数据产品的过程称为遥感信息处理。根据所获得的遥感影像和数据资料，从中分析出人们感兴趣的地面目标形态和性质的过程称为遥感图像解译，即对图像中内容进行分析、判读、解释，弄清楚图像中的线条、轮廓、色彩、花纹等内容对应着地表上的什么地物及这些地物处于什么状态。

根据解译的技术和方法，遥感图像解译分为两种：① 目视解译（visual interpretation），也称为目视判读，又称为目视判泽，指根据各专业（部门）的要求，专业人员通过直接观察或借助相关辅助判读仪器在遥感图像上获取特定目标地物信息的过程；② 遥感图像计算机解译，也称为遥感图像理解，以计算机系统为支撑，根据遥感图像中目标地物的各种影像特征（形状、空间位置、颜色、纹理），利用模式识别技术与人工智能技术相结合，结合专业知识数据库中目标地物的解译经验和成像规律等知识进行分析和推理，实现对遥感图像的理解，完成对遥感图像的解译。

目视解译是信息社会中遥感应用和地学研究的一项基本又十分重要的技能，是遥感应用的基础。遥感目视解译的研究也为研究遥感信息的计算机自动理解提供了基础。

一、遥感图像的目视解译原理

（一）遥感图像的目视解译原理

图像本身仅仅是图像数据，需要借助光学仪器或电子仪器，经过人眼目视、大脑分析、经验，以及专业知识判断、综合、加工后才能成为信息。日常生活中可以接触到各种不同的图像，如黑白和彩色图片、照片等。人们从外界获取的信息 80% 以上是靠视觉获得的。遥感图像记录了地球表面的自然地貌、人工与自然地物和人类活动等，丰富、直观、完整地反映了地表空间分布的各种物体与现象。遥感图像解译的目的是从遥感图像中获取所需的地学专题信息,从遥感影像上识别目标,定性、定量地提取出目标的分布、结构、功能等信息,估计其数量特征,并把它们表示在地理底图上。因此,遥感图像的解译其实就是遥感图像形成的逆过程(图 3.35)。具体讲,解译就是从图像特征来判断电磁波的性质和空间分布,进而确定地物属性,是从图像特征识别地物的。因此,进行遥感图像的解译工作,必须具有一定的遥感图像和地面实测资料。

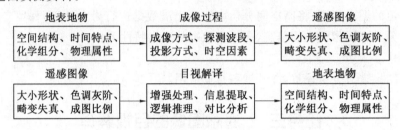

图 3.35 目视解译是遥感成像的逆过程

(二)遥感图像的目视解译影响因果

目视解译是专业人员把目标地物与遥感图像联系起来的过程。在解译时,除了遥感资料和地面实际状况外,解译者还需要有解译对象的基础理论和专业知识,掌握遥感技术的基本原理和方法,并且有一定的实际工作经验。目视解译的质量高低取决于人(解译人员的生理视力条件和知识技能)、物(物体的几何特性和电磁波特性)、像(图像的几何和物理特性)三个因素。

1.资料质量

目视解译的图像资料应在同样的大气条件下,在同一太阳方位角和同一地面环境下获得,图像处理条件也应完全相同。这样,图像上同类物体才能具有相同的灰度特征。但这些条件往往不能完全满足,只能选择与成像条件相近似的图像。图像上有云雾遮盖,物体辐射特性不同引起同类物体灰度特征有所差别,物体分布范围不一致,图像处理不一致,这些都直接影响解译效果。现有地图和统计资料内容丰富且精度较高,数据精度可靠,对解译起着良好的信息辅助和参考价值。

2.环境情况

区域的自然环境复杂程度决定着解译工作的难易和质量。地面覆盖单一、完整、分布有规律时,解译比较容易,精度较高;反之,区域地形复杂、破碎,地物种类繁多,分布杂乱无章等,解译比较困难,精度难以保证。地面植被覆盖、冰雪覆盖及云层覆盖较多时,解译人员无法判读覆盖层以下的物质和各种现象,这给解译工作带来极大的困难。

3.人为因素

解译人员的知识技能和工作经验对解译成果质量起着决定性的作用。知识技能包括两方面:一是摄影测量、遥感知识和工作技巧;二是所从事的专业知识和工作技巧。

解译人员的经验包括解译工作的熟练程度、各类解译标志的应用、分析问题的能力以及对研究区域的了解程度。

另外,解译方法、图像类型、比例尺、成图时间、预处理等是否合适都对解译效果有直接影响。

人为因素指人类活动对自然环境的影响将给某些专业解译带来不利因素。例如,开垦和耕作活动将改变地表原来状况,给以表面特征判断地质构造的地质解译增加了困难。

综上所述,图像解译成功与否,因图像资料的质量、被解译物体所处的环境和本身的性质、解译工作者的知识技能和工作经验而异。

二、遥感图像的解译标志

(一)遥感图像目标地物特征

遥感图像中地物特征是地物电磁辐射差异在遥感影像上的具体反映。遥感图像目视解译的目的是从遥感图像中获取需要的地学专题信息,目标是解译出遥感图像中有哪些地物、分布在哪里、数量情况等。为此,进行遥感图像目视解译时,必须掌握遥感图像目标地物的特征,即目标地物的光谱特征、空间特征和时间特征。

1.光谱特征

各种地物具有各自的波谱特征及其测定方法,地物的反射特性一般用一条连续的曲线表示,而多波段传感器一般分成一个个波段探测,在每个波段里传感器接收的是该波段区间的地物辐射能量的积分值,受大气、传感器响应特性等的影响。如图 3.36 所示为三种地物的波谱特征曲线及其在多波段影像上的波谱响应曲线,可以看出,地物的波谱响应曲线与其光谱特征曲线的变化趋势是一致的。地物在多波段影像上特有的这种波谱响应就是地物的光谱特征的解译标志。

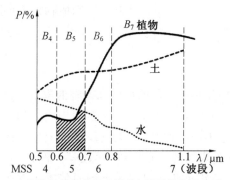

(a) 光谱特征曲线上用反射率与波长的关系表示　　(b) 波谱相应曲线用密度或亮度值与波段的关系表示

图 3.36　三种地物的波谱特征曲线及其在多波段影像上的波谱响应

2.空间特征

遥感图像中的目标地物空间特征可以概括为"色、形、位"三大类。色指目标地物在遥感影像上的颜色,包括目标地物的颜色、色调和阴影等;形指目标地物在遥感影像上的形状,包括目标地物的形状、图形、大小、纹理等;位指目标地物在遥感图上的空间位置,包括目标地物分布的空间位置、相关布局等。其中,形和位表达了主要的空间特征。

3.时间特征

同一地区地物的时间特征表现在不同季节地面覆盖类型不同,地面景观会发生很大的变化,如冬天为冰雪覆盖、初春为露土、春夏为植物或树叶覆盖。随着植物发芽生长、茂盛、枯黄的生长过程,地物和景观都将发生巨大变化。

地物的时间特征在影像上以光谱特征及空间特征的变化表现出来。例如,水稻田在插秧前后为水的光谱特征，而水稻成熟之前却都为植物的光谱特征，收割后田中无水，表现为土壤的光谱特征。

（二）遥感图像的目视解译标志

不同的地物在遥感影像上特征不同，表现形式也不同，因此可根据影像上的变化和差别来区分不同类别，再根据经验、知识和必要的资料解译地物的性质或一些自然现象。各种地物在影像上特有的表现形式称为解译标志（interpretation key）。目视解译主要根据地物的解译标志进行解译，依其空间特征分为直接解译标志和间接解译标志两类。凡根据地物或现象本身反映的信息特性可以解译目标物的，即能够直接反映物体或现象的那些影像特征称为直接解译标志。通过与之相联系的其他地物在影像上反映出来的影像特征，即与地物属性有内在联系、通过相关分析能推断出其性质的影像特征，间接推断某一事物或现象的存在和属性，这些特征称为间接解译标志。直接解译标志和间接解译标志是一个相对概念，一个解译标志常常对甲物来说是直接解译标志，对乙物可能就成为间接解译标志。

1. 遥感影像的直接解译标志

直接解译标志包括遥感图像的大小、形状、色调、颜色、阴影、位置、纹理、图型等，解译者利用直接解译标志可以直接识别遥感图像上的目标地物。

（1）大小。

指在二维空间上对目标物体尺寸或面积的测量。在未知比例尺的情况下，比较两个物体的相对大小有助于识别它们的性质。若已知比例尺大小，可以根据目标地物影像的尺寸直接算出它的实际大小和分布规模。需要注意的是，当像片上线伏地物与背景反差较大时，其影像大小往往超出其按比例尺计算的尺寸。

（2）形状。

描述一个目标地物的外形和结构。任何地物都具有一定的形状和特有的辐射特性。同种物体在图像上有相同的灰度特性，这些同灰度的像素在图像上的分布就构成与物体相似的形状。随图像比例尺的变化，"形状"的含义也不同。通常，大比例尺图像上代表的是物体本身的几何形状，而小比例尺图像上则表示同类物体的分布形状。例如，一个居民地在大比例尺图像上可看出每栋房屋的平面几何形状，而在小比例尺图像上则只能看出整个居民地房屋集中分布的外围轮廓。有些物体的形状非常特殊，其平面图形是该物体的结构、组成和功能的重要标志，有时甚至是关键标志。另外，由于成像方式不同，飞行姿态的改变或者地形起伏的变化都会造成同一目标物在图像上呈现出不同的形状，解译时必须考虑遥感图像的成像方式所导致的形状变化。不同地物形状特征如图 3.37 所示。

（3）色调和颜色。

色调是人眼对图像灰度大小的生理学感受。人眼不能确切地分辨灰度值，但能感受其大小变化，灰度大则色调深，灰度小色调浅。同样，图像色调的深与浅与物体的辐射特性紧密相关。在自然条件相同的情况下，物体的辐射特性不同，遥感器接收的能量也不同。反射率高的物体，接收的能量大，图像的色调就浅，反之则深。同一环境条件下的图像上色调的差异即是不同物体在图像上的反映。因此，解译人员首先从色调的差异来区分不同的物体或同类物体在不同环境下的区别。对彩色图像而言，颜色的差别进一步反映了地物间的细小差别，为解译人员提供了更多的信息。人眼对彩色的分辨能力远比对黑白色调差的分辨

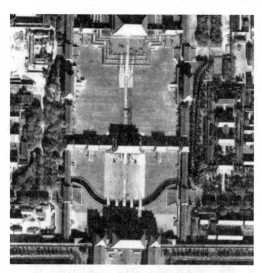

图 3.37　不同地物形状特征（北京故宫）

能力强，特别是多波段彩色合成图像的解译，解译人员往往依据颜色的差别来确定地物与地物间或地物与背景间的边界，从而区分各类地物。

（4）阴影。

阴影是遥感图像上光束被地物遮挡所产生的地物的影子，分为本影和落影两种。本影是地物未被光束直接照射的部分在影像上的构图；落影是光束直接照射地物而投在地面上的影子的影像构图。阴影的长度、形状和方向决定于太阳高度角、地形起伏、阳光照射方向、目标所处的地理位置等因素。阴影可使地物有立体感，有利于地貌的解译。根据阴影的形状、长度可判断地物的类型、量算其高度，但是不同遥感图像中阴影的解译是不同的。遥感影像中的阴影如图 3.38 所示。

图 3.38　遥感影像中的阴影

（5）位置。

位置指目标地物在空间上的分布。目标地物与其周围环境有密切的关系，甚至是相互依存的，如居民地与道路、桥梁与水系、芦苇生长在湖边沼泽地、河漫滩和阶地位于河谷两侧等。因此,位置与相关地物的联系可以作为解译推理的依据之一。

(6)纹理。

纹理指遥感图像中目标地物内部色调有规则变化造成的影像结构,即图像上目标物表面的质感。例如,草场及牧场看上去平滑,成材的老树林看上去很粗糙,海滩的纹理细腻度能反映沙粒结构的粗细,沙漠的纹理可反映出沙丘的形状以及主要风系的风向等。农田中的条状纹理如图 3.39 所示。

图 3.39　农田中的条状纹理

(7)图型。

图型指地物以一定规则排列形成的结构,是由大小、形状、色调、纹理等影像特征组合成的一种综合解译标志。人工地物往往只有特殊的图型,如街道、公路、操场等;自然物中的水系等也有特殊的图型,如梳状、网格状、树枝状等。地物的图型揭示了不同目标地物之间的内在联系,为解译提供了依据。

2.遥感影像的间接解译标志

间接解译标志指遥感像片上能够间接反映和表现目标地物的特征,借助间接解译标志可以推断与某地物的属性相关的其他现象。遥感影像经常用到的间接解译标志有以下六种。

(1)水系。

水系的类型和结构受地形和基岩类型的控制,基岩的岩性、走向决定了地形地貌的结构和走向,也就决定了水系类型和结构。反之,水系的类型结构也指示出基岩岩性和地貌特征。水系密度大,表示地表径流发育、支流多、土壤和岩石的透水性差、颗粒细、易于被流水侵蚀;水系密度小,表示地表径流不发育、水系稀疏、土壤的透水性能好、水土流失少。此外,水系分布均匀时,表示岩性均匀一致。岩性复杂地区水系的流水方向常急转弯,河流纵断面高差突变多形成瀑布、跌水等河段。水系在遥感图像上反映最明显、最易判读。在水系判读的基础上,可以根据水系的特征分析推断出其地表特征。水系对地貌的解译作用如图 3.40 所示。

(a) 辐射型水系(火山附近)

(b) 向心型水系(盆地)

(c) 长方格子状水系(断层)

图 3.40　水系对地貌的解译作用

（2）地貌。

各种地貌形态由不同的岩性、造山运动、风蚀和水蚀作用形成。岩性不同,抵抗风、水等外力侵蚀的能力也不同,一般抗外力能力强的岩石形成陡峻山地地貌,抗外力弱的岩石则形成平缓的丘陵或平地。地貌形态特征决定了水系的类型、植被的分布、土壤的特性等。因此,在图像上判读出了地貌形态后,可按其他要素与地貌的关系推断出图像上无直接标志的特征,如植被类型、土壤类型甚至植物种类等。

（3）土质类。

土质类包括各类土壤、裸露岩石、戈壁、沙漠等,各种土质类所处的自然条件不同,其水分、盐分、碱分和腐质含量也不同。土壤的成因不同、颜色不同(黑色、褐土、黄土、红壤等),这些差别会造成不同的辐射特性。另外,土质类和植被又是紧密相关的,一定类型的土质类生长一定类型的植被,而植被的生长发育又影响到土质的组成成分。土质类在遥感图像上的表征除大片沙漠、戈壁和裸露的岩石外是不很明显的,要判读出土壤类型,需根据其他易判读要素之间的联系来分析判读。

（4）植被。

植被的种类、生长状况、分布规律在一定程度上受岩性、地貌、土质、气候等因素的控制。不同种类的植物要在一定的自然环境中才能生长,一般来说,受气候条件的影响最大。但由于基岩的分布以及沉积物的成分、颗粒、含水性、矿化度、盐碱度及有害元素等影响,植物群落的外貌、种属、生长状态等都发生了一些生态变化。植物在遥感图像上的反映也是相当明显的,用植物的特征来分析判断与之有关的其他要素,效果很好;反之,也可以按其他影响植物发育的自然地理因素的分布规律来判断植物群落的分布、类型和种类等。大比例尺图像解译,植被往往阻碍判读,茂密的森林往往掩盖大量地形特征,尤其对立体观测的影响较大。

（5）气候。

地球上气候变化具有规律性,按其变化规律分成各种气候带,由赤道向两极、由沿海向内陆分成水平气候带,由山下向山顶分成垂直气候带。气候条件控制植物生长分布、水系发育、地貌土质发育特征等,而这些要素的特征反过来又影响气候条件,形成区域气候。气候条件在遥感图像上毫无特征标志,但可以根据自然地理位置了解其气候变化情况,进而分析判断受气候条件控制的各要素的特征,如植物种属、密度、地貌特征、土壤性质、水系结构等。

（6）人类活动。

人类活动往往局部地改变自然环境，使其有利于人类社会的发展。有计划地开发自然资源往往又会造成生态平衡严重破坏，使自然地理要素的内在联系遭到破坏。遥感图像反映人文活动的痕迹，大部分能在大比例尺图像上解译出来，小比例尺图像上只能反映大型人文活动的痕迹，如铁路建筑、堤坝工程、围湖造田、防护林带、城市发展、工矿设施及农业活动等。人类活动对环境生态的破坏用多时相图像对比分析是显而易见的。

上述各类解译标志中，在航空遥感图像解译时，直接解译起主导作用；但在航天遥感图像解译中，间接解译标志与直接解译标志起着同等重要的作用。

应当指出，间接解译标志因地域和专业而异，建立和运用各种间接解译标志一般需要有一定的专业知识和解译经验。熟悉和掌握这些特点与解译标志对遥感摄影像片的解译大有帮助。

3. 解译标志的可变性

各种地物处于复杂多变的自然环境中，所以解译标志也随着地区的差异和自然景观的不同而变化，绝对稳定的解译标志是不存在的，有些解译标志具有普遍意义，有些则带有地区性。有时即使是同一地区的解译标志，在相对稳定的情况下也在变化。因此，在解译过程中，对解译标志要认真总结，不能盲目套用。

解译标志的可变性还与成像条件、成像方式、响应波段、传感器类型、洗印条件和感光材料等有关。一些解译标志往往带有地区性或地带性，常常随着周围环境变化而变化。色调、阴影、图型、纹理等标志总是随摄影时的自然条件和技术条件的变化而改变，所以不能生搬硬套外地的解译标志，否则会造成解译错误。正是由于有些解译标志存在一定的可变性或局限性，因此解译时不能只凭一两项解译要素，而要尽可能地运用一切直接、间接解译标志进行综合分析。为了建立地区的解译标志，必须反复认真解译和野外对比检验，并选取一些典型像片作为地区性解译标志的依据，以提高解译质量。

三、遥感图像的目视解译方法与过程

（一）遥感图像的认知过程

遥感图像解译是一个复杂的认知过程，对一个目标的识别往往需要经历几次反复判读才能得到正确结果。概括来说，遥感图像的认知过程包括细节到整体的信息获取、特征提取与识别证据积累、模式匹配与目标辨识的过程。

1. 细节到整体过程

（1）图像信息获取。

在图像判读过程中，人眼会感受到遥感图像中的色调、颜色、形状和大小等信息，视网膜中的视杆细胞和视锥细胞接收这些信息并转化为神经冲动，由神经系统传到各视觉中枢。在信息的传输过程中，大脑皮层通过对三条独立通道神经中枢中传输的图像颜色、形状和空间位置进行整合，实现图像空间与实体的精确配位，构成图像的知觉。

（2）特征提职。

遥感图像各种目标地物特征信息经过大脑皮层特定功能区选择性知觉的加工，被转化成各种模式的神经冲动记录下来，从而完成信息的读取。判读者只要熟练地掌握地物判读特征就可以从各个方面来判读地物。

（3）识别证据选取。

从许多特征中选取识别证据是一个相当复杂的过程。当碰到复杂的目标地物时，人类知觉会对多个特征进行选择，区分全局特征和局部特征，并把全局特征作为识别的证据来指导对目标地物的识别。当识别特征不明显的时候，人类也会利用各种相关背景知识和专业知识作为证据来识别目标地物。

2.模式匹配过程

（1）特征匹配。

特征匹配指人脑利用储存的地物类型模型来与目标地物特征相匹配的过程。地物类型模型是判读者通过判读知识的学习和长期的判读解译实践得到的。在特征匹配过程中，地物类型模型与地物目标进行相识性判读，判别它们的相容性和不相容性。

（2）提出假设。

根据匹配的结果，大脑会根据所学解译知识和解译实践经验从大脑中搜选一个或几个最佳模式作为样本，提出假设，作为目标地物的可能归属模型。视觉表象空间的影响在特征匹配和提出假设时要给予关注。因为目视解译者是通过内部的视觉表象空间进行定位，并按照视觉表象空间的坐标来辨认图片，最终实现对遥感图像中地物的认知的，所以视觉表象空间参照体系对特征匹配具有重要作用。例如，一幅山地 TM 假彩色图像一般都是东南坡为阳坡，为明亮色调；西北坡为阴坡，为暗色调。当从不同的角度观察时，地表起伏是不同的。在目视解译过程中，观察者也必须要了解太阳光照射方向，并把它与视觉表象空间坐标基轴配准，才可以准确判读一幅山地 TM 假彩色图像上的地貌类型。

（3）图像辨识。

图像辨识是一个分析、选择和决议的过程。在这个过程中，主观期望心理作用往往对目视解译者造成影响，利用已储存的图像信息模式来主动识别目标地物的特征，选择记忆中最接近的图像模式作为参考标准，当记忆中的地物模板与知觉中的目标地物特征完全匹配时，大脑就会释放出联结的信息，指明目标地物归属的地物样本类型。

当目标地物特征与记忆的模式库中的"样本"无法匹配时，大脑将会开始新一轮的地物识别过程。大脑将会要求重新提取信息，提供更多的证据进行识别。遥感图像解译一般要经过多次细节到整体和模式匹配的认知过程，每次循环都会加深对遥感图像的理解和认识。

（二）遥感影像目视解译方法

遥感影像目视解译方法指根据遥感影像目视解译标志和解译经验识别目标地物的办法与技巧。常用的方法有以下六种。

1.直接解译法

直接解译法是根据遥感影像目视解译直接标志，直接确定目标地物属性与范围的一种方法，即观察图像特征，分析图像对判读目的任务的可判读性和各判读目标间的内在联系，观察各种直接判读标志在图像上的反映，从而可以把图像分成大类别以及其他易于识别的地面特征，直接确定目标地物属性与范围的一种方法。例如，在可见光黑白像片上，水体对光线的吸收率强，反射率低，水体呈灰黑到黑色，根据色调可以从影像上直接判读出水体，再根据水体的形状可以直接分辨出水体是河流或者湖泊。在 MSS 4、5、7 三个波段假彩色影像上，植被颜色为红色，根据地物颜色色调可以直接区别植物与背景。

2. 对比分析法

此方法包括同类地物对比分析法、空间对比分析法和时相动态对比法。同类地物对比分析法是在同一景遥感影像图上由已知地物推出未知目标地物的方法。空间对比分析法是指根据待解译区域的特点，选择一个熟悉的与遥感图像类似的影像，将两个影像相互对比分析，由已知影像为依据判读未知影像的一种方法。例如，两张相邻的彩红外航空像片，其中一张经过解译并通过实地验证，解译者对它很熟悉，就可以利用这张彩红外航空像片与另一张彩红外航空像片相互比较，从已知到未知，加快地物的解译速度。使用空间对比法，应注意对比的区域自然地理特征应基本相同。时相动态对比法是利用同一地区不同时间成像的遥感影像加以对比分析，了解同一目标地物动态变化的一种解译方法。例如，遥感影像中河流在洪水季节与枯水季节中的变化，利用时相动态对比法可进行洪水淹没损失评估或其他一些自然灾害损失评估。

3. 信息复合法

信息复合法是指利用透明专题图或者透明地形图与遥感图像重合，根据专题图或者地形图提供的多种辅助信息识别遥感图像上目标地物的方法。例如，TM 影像图覆盖的区域大，影像上土壤特征表现不明显，为了提高土壤类型解译精度，可以使用信息复合法，利用植被类型图增加辅助信息。植被类型有助于加强对土壤类型的识别。例如，当植被类型是热带雨林和亚热带雨林时，砖红壤是地带性土壤；当植被是亚热带常绿阔叶林时，红壤或者黄壤是地带性土壤。此外，等高线对识别地貌类型、土壤类型和植被类型也有一定的辅助作用。使用信息复合法的关键是遥感图像必须与等高线严格配准，才能保证地物边界的精准。

4. 综合分析法

综合分析法是指综合考虑遥感图像多种解译特征，结合生活常识，分析、推断某种目标地物的方法。此方法主要应用间接解译标志、已有的判读资料和统计资料，对图像上表现得不明显或毫无表现的物体、现象进行判读。间接解译标志之间相互制约、相互依存。根据这一特点，可做更加深入细致的判读。例如，对已知判读为农作物的影像范围，按农作物与气候、地貌、土质的依赖关系，可以进一步区别出作物的种属。再如，河口泥沙沉积的速度、数量与河流汇水区域的土质、地貌、植被等因素有关，长江黄河河口泥沙沉积情况不同，正是流域内的自然环境不同造成的。地图资料和统计资料是前人劳动的可靠结果，在判读中起着重要的参考作用，必须结合现有图像进行综合分析才能取得满意的结果。实地调查资料限于某些地区或某些类别的抽样，不一定完全代表整个判读范围的全部特征。只有在综合分析推理的基础上，才能恰当应用、正确判读。

5. 参数分析法

参数分析法是在遥感的同时测定研究区域内一些典型物体（样本）的辐射特性、大气透过率和遥感器响应率等，然后对这些数据进行分析，达到区分物体的目的。大气透过率的测定可同时在空间和地面测定太阳辐射照度，按简单比值确定。仪器响应率由实验室或飞行定标获取。利用这些数据判定未知物体属性可从两方面进行：一是用样本在图像上的灰度与其他影像块比较,凡灰度与某样本灰度值相同者,则与该样本同属性;二是由地面大量测定各种物体的反射特性或发射特性,然后把它们转化成灰度,再根据遥感区域内各种物体的灰度比较图像上的灰度,即可确定各类物体的分布范围。

6.地理相关分析法

地理相关分析法是指根据地理环境中各种地理要素之间相互依存、相互制约的关系,借助专业知识,分析推断某种地理要素性质、类型、状况与分布的方法。例如利用地理相关分析法分析洪积扇各种地理要素的关系,河流从山区流出后,因比降变小,水流流速变小,常在山地到平原的过渡带形成巨大的洪积扇,其物质有明显的分选性。冲积扇上部主要由沙砾物质组成,呈灰白色或淡灰色;冲积扇的中下段因水流分选作用,扇面为粉沙或者黏土覆盖,土壤具有一定的肥力,因此在夏季的标准假彩色图像上呈现红色或粉红色;冲积扇前沿的洼地,地势低洼,遥感影像色调较深,表明有地下水溢出地面,影像上灰白色小斑块表明土壤存在盐渍化(图3.41)。

图3.41 冲积扇

再如,利用地学相关分析法分析卫星遥感图像上地形和土壤的相关关系。根据地貌学相关原理,地形间接影响热量、水分和物质的分配。在河流两侧天然堤范围内微地形起伏较大,造成土壤质地变化也大。沙砾土或者风沙土在 MSS 5 图像上呈现白色和灰白色,活动的沙丘为白色,半固定的沙丘为灰白色。在它们的外围,土壤较干,缺乏水分,多为沙壤,农作物生长不良,MSS 5 图像上一般为浅灰色。距河流较远的阶地,土壤质地优良,水分适中,作物生长正常,影像呈现灰色或者暗灰色。

(三)目视解译的基本程序与步骤

遥感影像目视解译是一项认真细致的工作,解译人员必须遵循一定的行之有效的基本程序与步骤,才能够更好地完成解译任务。一般认为,遥感图像目视解译分为五个阶段(图3.42)。

1.目视解译准备工作阶段

遥感图像反映的是地球表层信息,由于地理环境的综合性和区域性特点以及受大气吸收与散射影响等,遥感影像有时存在同物异谱或异物同谱现象,因此遥感图像目视解译存在

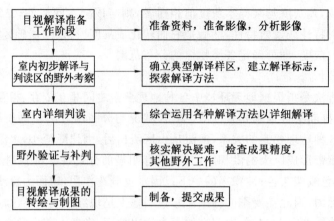

图 3.42   目视解译程序与步骤

着一定的不确定性和多解性。为了提高目视解译质量,需要认真做好目视解译前的准备工作。一般来说,准备工作包括明确解译任务与要求、搜集与分析有关资料(主要包括历史资料、统计资料、各种地图及专题图,以及实地测定资料和其他辅助资料等)、选择合适波段与恰当时相的遥感影像。

2.室内初步解译与判读区的野外考察

初步解译的主要任务是掌握解译区域特点,确立典型解译样区,建立目视解译标志,探索解译方法,为全面解译奠定基础。为了保证解译标志的正确性和可靠性,室内初步解译的重点是建立影像解译标准,因此必须进行野外调查。在野外调查前,需要制订野外调查方案和路线。在野外调查中,为了建立研究区域的解译标志,必须做大量细致认真的工作,填写各种地物的解译标志登记表作为建立地区性的解译标志的依据,还要制订出影像判读专题分类系统,根据目标地物与影像特征之间的关系反复判读并与野外对比检验,建立遥感影像解译标志。

3.室内详细判读

初步解译与判读区的野外考察奠定了室内判读的基础。建立遥感影像判读标志后,就可以在室内进行详细判读了。

专题判读中应遵循确定分类体系、综合分析、地学分析、模式对比、分区判读、由表及里、循序渐进、对比验证的过程。

在室内详细判读过程中,对于复杂的地物现象,应综合利用各种解译方法。例如,可以利用遥感图像编制地质构造图;可以利用直接解译法根据色调特征识别断裂构造;可以采用对比分析法判明岩层构造类型;可以利用地学相关分析法配合地面地质资料及物化探测资料分析、确定隐伏构造的存在及其分布范围;利用直尺、量角器、求积仪等简单工具,测量岩层产状、构造线方位、岩石的出露面积、线性构造的长度与密度等。各种方法的综合运用可以避免一种解译方法固有的局限性,提高影像解译质量。

无论应用何种方法解译,把握目标地物的综合特征、综合应用解译标志、提高解译质量和精度都是解译的重点。遥感图像的直接解译标志是识别地物的重要依据,同时应利用遥感影像成像时刻、季节、种类和比例尺等间接解译标志来识别地物。影像判读时不能只依靠个别指标来判读解译,需要尽可能地运用一切可以提供介质帮助的标志来进行综合分析,以达到避免错误、提高精度的要求。在室内解译过程中遇到边界不清和无法辨别的地方,应及时记录下来,在野外验证和补判阶段时解决。

4.野外验证与补判

室内目视判读的初步结果需要进行野外验证,以检验目视判读的质量和解译精度。详细判读中出现的疑难点、难以判读的地方则需要在野外验证过程中补充判读。

野外验证指再次到研究区域核实目视判读的质量和解译精度。野外验证的主要内容包括两方面:一方面,检验专题解译中图斑的内容是否正确,将专题图图斑的地物类型与实际地物类型相对照,看解译是否正确,当图斑过多时,一般用抽样法进行检验,图斑界限的验证也一样,在验证过程中,如果发现解译标志错误导致实际地物类型判读错误,就需要对解译标志进行修改,按照新的解译标志重新进行判读解译;另一方面,对疑难问题进行补判,补判就是对室内有疑问,无法在室内解决的疑难问题的再次解译,方法是通过实际野外观察和调查,找到与遥感图像疑难点一致的实际区域,确定其地物属性和类型。如果具有代表性,则建立新的解译标志。

5.目视解译成果的转绘与制图

遥感图像目视判读成果以专题图或遥感影像图的形式表现出来。将遥感图像目视判读成果转绘成专题图可以采用两种方法。一种是手工转绘成图,在有灯光的透视台上进行。制图过程包括:在聚酯薄膜上转绘具有精确地理基础控制的信息;按照制图精度要求将遥感影像专题判译结果转绘到聚酯薄膜上,转绘中要求做到图斑界线粗细一致,制图单元类型一般采用地学编码表示;绘制图框、图例和比例尺,对专题图进行整饰,最后形成可供出版的专题图。另一种是在精确几何基础的地理地图上采用转绘仪转绘成图,完成专题图的转绘后,再绘制专题图图框、图例和比例尺等,对专题图进行整饰加工,形成可供出版的专题图。

四、不同类型遥感影像目视解译

(一) 单波谱遥感图像的解译

对于单波段的可见光、近红外像片,从其色调特征和空间特征来分析解译。例如,图 3.43 为一张 Landsat 卫星像片(7 波段)取出的苏州市地区的窗口图像,因水对近红外光吸收严重,呈深色调;城市地区建筑物对红外光反射比水强,再加上马路上有行道树,使得城市的色调比水淡一些,但仍较深,眼睛区分灰阶的能力较差,有时看来与水的色调差不多;耕地中农作物反射近红外光强,因此呈浅色调。黑白像片可结合空间特性来分析,如城市有一定的规则形状,与水的形状不一样,因此,即使色调一样,也能区分开。另外,可采用图像增强方法,如反差增强能使不同亮度地物间的灰度差拉大,类别区分就较容易。还有一种有效的办法是进行密度分割并用伪彩色编码技术来增强图像,因为人眼对颜色差别比灰度差别敏感得多,因此效果较好。如图 3.44 所示为某地区(图 3.43)经数字密度分割手工填绘的伪彩色编码后的增强图像。从图中可以清楚地看到城区与湖水颜色的差别,且城区内由于建筑密度不同,造成反射亮度的微小差别,经增强后显示出来;城区内园林、绿地及菜地(南城区)也明显;城区周围的河流宽度不足一个像元且与植物混杂,其反射率下降,色调与城区相近,但结合空间特征,它是线状地物,再根据这个地区河网交错的特点,可以判断为河流;城外红色、橙色为不同的农作物或树;绿、黄、淡红色调则为农田、道路、房屋间杂形成。这些在黑白像片上是难以判断的。

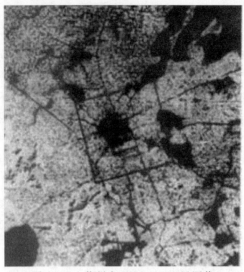

图 3.43　苏州市 MSS－7 卫星图像

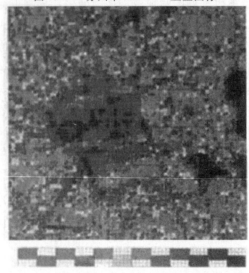

图 3.44　经数字密度分割手工填绘的伪彩色编码后的增强图像

（二）多波谱遥感图像的解译

多光谱遥感图像的解译除了遵循前述原理和方法外,主要利用图像的光谱特征来区分物体,具有如下特点:① 解译标志是按波段建立的,尤其是色调这一标志随波段变化十分明显,由地物反射波谱特性和传感器工作波段可推知物体在图像上的色调;② 判读方法主要靠各波段图像的对比分析,充分顾及地物波谱特性与图像灰度的关系;③ 可彩色合成处理,以颜色来反映物体波谱特性差别,大大提高人眼的辨别能力而增强判读性能。

因此,对多光谱遥感图像进行解译,可以采用以下三种方法。

1.比较判读的方法

即将多光谱图像与各种地物的光谱反射特性数据联系起来,达到正确判读地物的属性和类型。

2.假彩色合成

将几个波段进行假彩色合成是判读多光谱图像的另一种有效方法。假彩色合成像片上的颜色表示各波段亮度值在合成图像上所占的比例,这样可以直接在一张假彩色像片上进行判读。如图 3.45 所示为一张含有植物、土壤、水等地物的假彩色合成片,红外波段使用红通道、红色波段使用绿通道、绿色波段使用蓝通道,合成的结果是植物为红色、土壤(刚翻耕)为绿色、水为蓝黑色。形成这种颜色与地物的波谱特性和所用的滤光片、波段有关。

图 3.45 含有植物、土壤、水等地物的假彩色合成片

3.利用图像上的空间特征来进行解译

尽管卫星像片比例尺很小,但是地物的空间特征在像片上的反映仍然很明显。例如,图3.46 中江水与市区的颜色有些接近,但其形状差别很大。另外,从纹理特征上来看,城市由于房屋、道路和其他物体较规则地排列,与江水是完全不同的。树木和农田从纹理上来看也差别很大,树木群生,农田一般都划分成块状。至于飞机场,其光谱标志和空间形状都较特殊,易于识别。由于树木与水的光谱特征、树木与建筑的光谱特征差别很大,因此即使它们面积很小,也显示得很好。

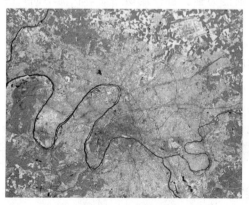

图 3.46 假彩色卫星影像(7,5,4)

从卫星像片上运用图像的空间特征来判读地物，大多从宏观的角度分析，如各种地貌类型、地质构造类型、冰川和雪盖面积、古河道、古遗迹等。提高空间特征的目视效果可使用反差增强、密度分割、边缘增强等方法。随着卫星影像分辨力的提高，也可进行微观分析，如图 3.47 所示为美国 DigitalGlobe 公司发射的 0.61 m 分辨力的"快鸟"（QuickBird）卫星获取的北京"鸟巢"的卫星影像。从卫星影像上能清晰地显示树木分布、街区道路、行驶的汽车、建筑物形状、"鸟巢"、"水立方"等，从房屋的阴影和投影差引起位移看到的侧墙窗户，还可推算出建筑物的高度。

图 3.47　0.61 m 分辨力的"快鸟"（QuickBird）卫星获取的北京"鸟巢"的卫星影像

（三）热红外图像的解译

地物本身具有热辐射特性，热红外像片记录了地物热辐射。传感器透过 $3.5 \sim 5.5\ \mu m$ 和 $8 \sim 14\ \mu m$ 区间上的大气窗口，探测地物表面发射的电磁辐射，这点不同于可见光和近红外遥感。各种地物热辐射强度不同，在像片上具有的色调和形状不同，这是识别热红外像片地物类型的重要标志。热红外像片的直接解译标志主要包括以下四种。

1. 色调

色调是地物亮度温度的反映。判读热红外像片时，关键是要细致区分影像色调的差异。影像的不同灰度表征了地物不同的辐射强度。影像正片上深色调代表地物热辐射能力弱，浅色调代表地物热辐射能力强。各种地物热辐射状况不同，在影像上会形成深浅不一的色调，这是判别地物的基础。

2. 形状与大小

热红外探测器检测到物体温度与背景温度存在差异时，就能在影像上构成物体的"热分布"形状。例如，山区河流在白天和晚上的热红外图像是不同的。水体比热较大，白天升温慢于周围事物，图像呈灰暗色调；晚上水体降温缓慢，河流成为一个热辐射带，在图像上为灰白色的飘带，这个灰白色的飘带的形状基本反映了河流的形状特征。但是，一般来说物体的"热分布"形状不是它的真正形状，高温目标的热扩散会导致物体形状变形。

3. 地物大小

地物的形状和热辐射特性影响物体在热红外像片上的尺寸。当高温物体与背景具有明显热辐射差异时，即使很小的物体，如正在运转的发动机、高温喷气管、较小的火源，都可以在热红外像片上表现出来。由于高温物体向外辐射，因此它在影像中的大小往往比实际尺寸要大。当地物与背景之间温差过小时,则没有这个特征。

4.阴影

热红外影像上的阴影是目标地物与背景之间辐射差异造成的,分为冷阴影和暖阴影两种。例如,在烈日下飞机遮挡了阳光的直射,导致飞机下面被遮挡的地面与被太阳照射的机场辐射不同,飞机在起飞时,会喷出高温气流,在地面上留下很强的热辐射。

根据热红外影像解译标志,可以识别不同的地物。下面介绍一些主要地物的解译方法。

(1)树林与草地。

白天的热红外影像上,树林呈暗灰至灰黑色,这是因为白天树叶表面存在水汽蒸腾作用,降低了树叶表面温度,使树叶的温度比裸露地面的温度要低;夜晚树木在热红外影像上多呈浅灰色调,有时呈灰白色,这是因为树林覆盖下的地面热辐射使树冠增温,草地在夜晚热红外像片呈黑色调或暗灰色调,这是夜间草类很快地散发热量而冷却的缘故。

(2)土壤与岩石。

土壤含水量不同,热红外影像的色调也不同。在午夜后拍摄的热红外影像中,含水量高的土壤呈现灰色或灰白色调,含水量低的土壤呈现暗灰色或深灰色,这是因为水体的热容量大,在夜间热红外辐射也强。一般裸露的岩石白天受到太阳暴晒,在夜间的热红外像片上呈淡灰色。例如,玄武岩往往呈灰色至灰白色,花岗岩呈灰色至暗灰色,这是因为该岩石的热容量较大,夜晚有较高的热红外辐射。

(3)水体与道路。

由于水体具有良好的传热性,因此白天热红外像片上一般呈暗色调。相比之下,道路在影像上呈浅灰色至白色,这是因为构成道路的水泥、沥青等建筑材料在白天接受了大量太阳热能,并很快转换为热辐射。午夜以后获取的热红外像片中,河流、湖泊等水体在影像上呈浅灰色至灰白色,而道路呈现暗黑色调,这是因为水体热容量大、散热慢,而道路在夜间散热快。

值得注意的是,天气状况对自然地物色调特征会有一定影响。例如,大风会使物体表面热量消散加速,温度下降,地物色调明显下降,还可能产生地物热影像位移等现象。连续的低温条件下,地物温差大为减小,不同地物之间的差异难以在热红外影像上反映出来。相比较来说,人工热源热成像稳定,受外界天气影响较小。当前,一些卫星提供热红外遥感图像,其影像分辨率低于热红外像片,其解译方法类似于热红外航空像片。

热红外航空像片以黎明前的效果最好,夜间好于白天。这是因为热红外图片上色调差异主要取决于地物的温度和辐射热红外线的能力,而晚上不受太阳辐射的干扰。

(四) 微波遥感图像的解译

微波遥感采用的波长范围为 1 mm ~ 100 cm,可以穿透云雾和大气降水,测定云下目标地物发射的辐射,对地表有一定穿透能力,具有全天候、全天时的工作能力。常用的微波波长范围为 0.8 ~ 30 cm,又可细分为 K、Ku、X、G、C、S、Ls、L 等波段。微波遥感的工作方式分为被动式(有源)微波遥感和主动式(无源)微波遥感。被动式微波遥感观测目标地物的辐射,常用的被动遥感器是微波辐射计(microwave radiometer);主动式微波遥感由遥感器向地面发射微波,探测目标地物后向散射特征,常用的主动遥感器有微波散射计

(microwave scatterometer)、微波高度计(microwave altimeter)和成像雷达(microwave radar)等。成像雷达提供了微波遥感影像(也有人称雷达影像),这里简称微波影像。成像雷达分为真实孔径雷达(real aperture radar,RAR)与合成孔径雷达(synthetic aperture radar,SAR)。近年来,合成孔径雷达技术发展很快,除航空遥感平台搭载合成孔径雷达外,航天遥感平台也搭载合成孔径雷达,获取地球表层微波影像。

微波影像具有以下特点:① 侧视雷达采用非中心投影方式(斜距型)成像,它与摄像机中心投影方式完全不同;② 比例尺在横向上产生畸变,在雷达波束照射区内,地面各点对应的入射角不等,距离雷达航迹越远,入射角越大,影像比例尺会产生畸变,其规律是距离雷达航迹越远,比例尺越小;③ 地形起伏移位在地学研究领域,经常采用 Ka 及 X 波段成像雷达进行资源与环境调查。雷达影像可应用于海洋环境调查、地质制图和非金属矿产资源调查、洪水动态检测与评估、地貌研究和地图测绘等领域。进行雷达影像解译需要具备微波遥感的基础理论知识,掌握各种目标地物的微波特性和微波与目标地物相互作用规律,同时也需要掌握微波影像的判读方法和技术。

微波影像的判读方法如下:① 采用由已知到未知的方法,利用有关资料熟悉解译区域,有条件时可以拿微波影像到实地去调查,从宏观特征入手,把微波影像与专题图结合起来判读,对需要解译的内容反复对比目标地物的影像特征,建立地物解译标志,在此基础上完成微波影像的解译;② 对微波影像进行投影纠正,与 TM 或 SPOT 等影像进行信息覆合,构成假彩色图像,利用 TM 或 SPOT 等影像增加辅助解译信息,进行微波影像解译,例如,中国地面卫星站利用 SAR 与气象卫星图像覆合对洪水进行检测;③ 利用同一航高的侧视雷达在同一侧对同一地区两次成像,或者利用不同航高的侧视雷达在同一侧对同一地区两次成像,获得可产生视差的影像,对其进行立体观察,可获取不同地形或高差,或对其他目标地物进行解译。

任务四　　遥感图像的计算机分类

本任务主要介绍遍感图像计算机分类的基本原理、方法及其关键技术,重点阐述监督分类和非监督分类的过程与步骤,对分类后影像的进一步处理技术也进行了详细的介绍。希望学生掌握数字图像分类原理,监督分类、非监督分类的具体方法及两种分类方法的区别,以及遥感图像分类的精度评价,这些技能是实现遥感监测的关键。

一、遥感图像的计算机分类

(一) 遥感数字图像

所谓遥感数字图像,就是用数字表示的遥感图像,其最基本的单元是像素。像素是成像过程的采样点,也是计算机处理图像的最小单元。像素具有空间特征和属性特征,每个像素有特定的地理位置的信息,并表征一定的面积。因为地物在不同波段上反射电磁波的特征不同,在不同波段上相同地点的亮度值可能是不同的,所以像素的属性特征采用亮度值来表达。遥感图像具有便于计算机处理与分析、图像信息损失少、抽象性强等显著特点。

（二）遥感图像的计算机分类

遥感图像的计算机分类是以数字图像为研究对象,在计算机系统支持下,综合运用地学分析、遥感图像处理、地理信息系统、模式识别与人工智能技术,对遥感图像中各类地物的光谱信息和空间信息进行分析处理,根据其特征变量,将特征空间划分为互不重叠的子空间,把各个像元划归到各个子空间的过程。这是计算机模式识别技术在遥感领域的具体应用,是遥感图像应用处理的重要内容和关键技术之一。它可大大提高从遥感数据中提取信息的速度与客观性,从而促进遥感技术的大规模实用化进程。

遥感图像分类的理论依据是图像像素的相似度,即遥感图像中的同类地物在相同的条件下应具有相同或相似的光谱和空间信息特征,从而表现出同类地物的某种内在相似性,将集群在同一特征空间区域,而不同类地物的光谱和空间信息特征不同,将集群在不同的特征空间区域。

（三）与遥感图像目视解译的关系

人工目视解译遥感图像方式工作周期太长,人力、物力、财力及时间的消耗都很大,有时无法满足实时研究的需要,而利用计算机进行遥感图像智能化解译可以快速获取地表不同专题信息。但遥感图像目视解译仍然是遥感图像应用最基本、最传统的方法,是遥感图像计算机解译发展的基础和起始点。计算机分类时,诸如训练场地的确定、样本的选择等都不同程度地需要以目视判读为基础,遥感图像处理和计算机解译的结果也需要运用目视解译进行抽样核实或检验。通过目视解译,可以核查遥感图像处理的效果或计算机解译的精度,查看它们是否符合实际情况。另外,目视判读需要的设备少,简单方便,可以随时从遥感图像中获取许多专题信息,所以人工目视解译遥感图像是地学工作者研究工作中必不可少的一项基本功。

遥感图像的计算机分类方法有光谱模式识别和时间模式识别两种。常见的分类方法一般为光谱模式识别,通常有监督分类和非监督分类两种实施方案。二者的差异在于是否选取训练样区,其理论本质是一样的。监督分类有训练样区的先验知识,根据先验知识选择训练样本,由训练样本得到分类准则;非监督分类事先没有训练样区的先验知识,纯粹根据图像数据的统计特征和点群分布情况以及相似性程度自动进行归类,最后再确定每一类的地理属性。目前市场上推出的数字图像处理软件一般都具有多种自动识别分类程序,下面介绍主要几种方法的基本原理及其关键技术。

（四）计算机分类的一般过程

遥感数字图像计算机分类的基本过程如下。

（1）根据图像分类目的选取特定区域的遥感数字图像,需考虑图像的空间分辨率、光谱分辨率、成像时间、图像质量等。

（2）根据研究区域,收集、分析地面参考信息与有关数据。

（3）制定分类系统,确定分类类别。根据分类要求和图像数据的特征,选择合适的图像分类方法和算法。

（4）找出代表这些类别的统计特征。

（5）为了测定总体特征,在监督分类中可选择具有代表性的训练场地进行采样,测定其特征;在非监督分类中可用聚类等方法对特征相似的像素进行归类,测定其特征。

（6）对遥感图像中各像素进行分类。

（7）分类精度检查。

（8）对判别分析的结果进行统计检验。

二、非监督分类

非监督分类（unsupervised classification）指人们事先对分类过程不施加任何先验知识，根据遥感影像地物的光谱特征的分布规律对其特征值进行分类。非监督分类对不同类别进行划分，并没有确定类别的属性，其属性是事后对各类别的光谱特性确定，或与实地调查比较后确定的。

非监督分类也称为聚类分析，选择若干个模式点作为聚类的中心，每一中心代表一个类别，按照某种相似性度量方法（如最小距离方法）将各像元归于各聚类中心所代表的类别，形成初始分类，然后由聚类准则判断初始分类是否合理，如果不合理就修改分类，如此反复迭代运算，直到合理为止。

（一）非监督分类的过程

非监督分类方法的核心问题是初始类别参数的选定以及迭代次数的调整问题，其主要过程如下。

（1）确定最初类别数和类别中心（任意的、随机的），这两个初值有较大的随意性，后期会逐步调整。

（2）计算每个像元对应的特征量与各聚类中心的距离，取距离最短的类别作为这一像元归属类别，计算新的类中心。

（3）再计算每一像元与新的聚类中心距离，取距离最短的类别作为像元所属类别，计算新的类中心。

（4）判断迭代是否结束。若不是，继续迭代；若是，迭代停止，分类结束。

在整个分类过程中，分析人员通常不参与交互，而且非监督分类识别影像的"自然"结构，相似像元的分组方法没有人为因素的影响。严格地说，整个分类过程并不是"客观的"，因为分析人员要决定使用何种算法、分类的数量或类别的相似度和区别度等，每一个决定都会影响最终影像分类结果的特征和精度。因此，非监督分类并不是在完全孤立的环境下进行的。

（二）非监督分类的方法

1. $K-$means 算法

$K-$means 算法也称为 $K-$均值算法，是一种较典型的逐点修改迭代的动算态聚类算法，也是一种普遍采用的方法，其要点是以误差平方和为准则函数。一般的做法是先按某些原则选择一些代表点作为聚类的核心，然后把其余的待分点按某种方法（判据准则）分到各类中去，完成初始分类。初始分类完成后，重新计算各聚类中心 m_i，完成第一次迭代，然后修改聚类中心，以便进行下一次迭代。这种修改有两种方案，即逐点修改和逐批修改。逐点修改类中心就是一个像元样本按某一原则归属于某一组类后，就要重新计算这个组类的均值，并且以新的均值作为凝聚中心点进行下一次像元聚类；逐批修改类中心就是在全部像元样本按某一组的类中心分类之后，再计算修改各类的均值，作为下一次分类的凝聚中心点。

$K-$均值算法的聚类准则使每一聚类中多模式点到该类别中心的距离的平方和最小，其基本思想是通过迭代，逐次移动各类的中心，直至得到最好的聚类结果为止。$K-$均值算法过程框图如图 3.48 所示。

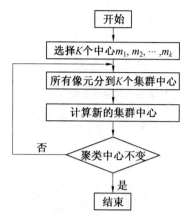

图 3.48　$K-$均值算法过程框图

假设图像上的目标要分为 K 类别，K 为已知数，则具体计算步骤如下。

（1）任意选择 K 个聚类中心，一般选前 K 个样本。

（2）迭代，未知样本 X 分到距离最近的类中。

（3）根据（2）的结果，重新计算聚类中心。

（4）每一类的像元数目变化达到要求，算法结束。

影响 $K-$均值算法的因素为聚类中心数目、初始类中心的选择、样本输入的次序、数据的几何特性等。这种算法的结果受到所选聚类中心的数目、初始位置、模式分布的几何性质和读入次序等因素的影响，并且在迭代过程中又没有调整类数的措施，因此可能因产生不同的初始分类而得到不同的结果，这是该方法的缺点。可以通过其他简单的聚类中心试探方法（如最大最小距离定位法），找出初始中心，提高分类效果。

$K-$均值算法简便易行，实践表明该方法对卫星数据分类处理效果很好，在诸如地球物理和地质探查等分析中获得了成功的应用。

2. ISODATA 算法聚类分析

ISODATA 算法也称为迭代自组织数据分析算法，是在初始设定基础上，在分类过程中根据一定原则不断重新计算类别总数和类别中心，使分类结果逐渐趋于合理，直到满足一定条件，分类完毕。

ISODATA 算法是在 $K-$均值算法的基础上加入了试探性的步骤，能够吸取中间结果的经验，在迭代的过程中可以进行类别的分离和合并，具有"自组织"性，是目前非监督分类中使用最为广泛的算法。该算法中影响分类结果的参数有迭代次数、类别数、参加分类的波段数目等。ISODATA 算法过程框图如图 3.49 所示。

ISODATA 方法分类步骤如下。

（1）选择初始的类别平均估值。

（2）在多维数据空间中，依据像元距训练样本类别中心（平均值）最短距离划分像元的类别。

（3）根据（2）的像元分类结果重新计算每种类别的平均值。

（4）如果（2）和（3）产生的类别平均值相同或相近，（3）的结果就代表了分类结果；如果（2）和（3）产生的类别平均值不同，这个过程就返回到（2）重复进行计算和判断，直到类别的新中心点位置和其前一次的位置相同或相近，分类才结束。

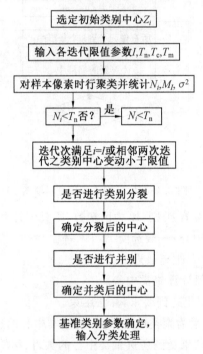

图 3.49　ISODATA 算法过程框图

三、监督分类

监督分类需要从研究区域选取代表各类别的已知样本作为训练场地（训练区），根据已知训练区提供的样本选择提取特征参数（如像素亮度均值、方差等），建立判别函数，以此对样本像元进行分类，根据样本类别的特征来识别非样本像元的归属类别，通过选择具有代表性的典型样区或训练区，用训练区中已知类别地物样本的光谱特性来"训练"计算机，获得识别各类地物的判别函数或模式，并对未知地区的像元进行分类处理，分别归入到已知的类别中，从而实现遥感图像分类的过程。

在监督分类中，要先定义类别，然后进行图像分类。即利用训练区样本建立各类的特征空间范围，选定判别函数，把待分像元带入判别函数中进行判别归类。

训练样区是影像上已知类别的区域，分析人员把影像上能清晰确定类别的区域作为训练样区，训练样区必须能代表某一类别的光谱特征，对于相应信息类别来说具有典型代表性。因此，监督分类对训练区的选择有以下要求。

（1）训练区是图像上已知覆盖类型的代表样区，具有描述主要特征类型的光谱属性。

（2）训练区所包含的样本在种类上要与待分区域的类别一致，训练样本应在各类目标地物面积较大的中心选取,这样才能体现代表性。

(3) 训练样本的选取应能够提供各类足够的信息和克服各种偶然因素的影响,训练区的数目最少要满足建立判别函数的要求。

(4) 样本选择要具有完整性、代表性,选择多个样区,分布均匀。

(一) 监督分类的过程

1.监督分类工作流程

遥感图像监督分类工作流程示意图如图 3.50 所示。

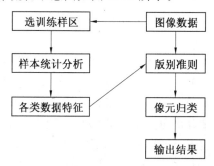

图 3.50　遥感图像监督分类工作流程示意图

(1) 根据对该地区的了解(先验知识),从图像数据中选择能代表各类别的样区(也称样本)。

(2) 对选出的样本依据所选用的分类器进行统计分析,提取出各类别的数据特征,并以此为依据建立适用的判别准则。

(3) 使用判别准则逐个判定各像元点的类别归属。

(4) 输出分类结果。

(1)、(2) 可以形象地比喻为对计算机进行"训练",帮助计算机获得识别能力。判别准则可形象地称为"分类器",每个像元点通过分类器,经判决分析等处理确定其类别归属。

可见,监督分类的实现过程远比非监督分类要复杂。分析人员必须评估每个步骤的执行情况,如果发现某个步骤的执行结果需要改进和提高,为确保最后的分类精度,就必须返回到前面的步骤重新进行。

2.监督分类的具体步骤

监督分类的具体步骤如下。

(1) 确定监测分类体系。确定要对哪些地物进行分类,建立这些地物的先验知识。

(2) 特征变换和特征选择。根据区域地物的特征进行针对性的特征变换,变换之后的特征影像和原始影像共同进行特征选择,选出尽可能少的特征影像,加快分类速度。

(3) 选择训练样区。由于监督分类关于类别的数学特征都来自训练样区,因此训练样区的选择一定要保证类别的代表性。训练样区选择不正确便无法得到正确的分类结果。训练样区的选择要注意准确性、典型性和统计性三个问题。

(4) 确定判决函数和判决规则。一旦训练样区被选定,相应地物类别的光谱特征便可以从训练区的样本数据进行统计。判决函数(分类方法)确定后,再选择一定的判决规则就可以对其他非样区的数据进行分类。

（5）根据判决函数和判决规则对非训练样区的图像区域进行分类。

（二）监督分类的方法

监督分类至今已经发展出多种多样的统计分析算法和判别准则,各有优缺点,较普遍的有以下三种。

1.最小距离法

最小距离法是利用训练数据各波段的光谱均值,根据像元离各训练样本平均值距离的大小,将像元划分到距离最短的信息类别中。训练样区的光谱数据可以绘制在多维数据空间中,形成训练样本的类群,每个类别群可以用它的类别中心点来表示,通常是训练样本的平均值。

最小距离分类方法是一种相对简化的分类方法。前提是假设图像中各类地物光谱信息呈多元正态分布,假设 N 维空间存在 M 个类别,某一像元距哪类距离最小,则判归该类,通过训练样本事先确定类别数、类别中心,然后进行分类。分类的精度取决于训练样本的准确度。首先利用训练样本数据计算出每一类别的均值向量及标准差向量;然后以均值向量作为该类在特征空间中的中心位置,计算每个像元到各类中心的距离;最后把各像元归入到距离最小的一类中去。因此,在这种方法中,距离就是一个判别准则。在遥感图像分类处理中,应用最广且比较简单的距离函数有欧几里得距离和绝对距离(混合距离)两种。

设 p 为图像的波段(变量)数, X 为图像中的一个待分类像元,其中 x_i 为像元 X 在第 i 波段的像元值(灰度值), M_{ij} 为第 j 类在第 i 波段的均值,则像元 X 与各类间的距离可通过如下算式获得。

（1）欧几里得距离,公式为

$$D_j^2 = \sum_{i=1}^{p} (x_i - M_{ij})^2 \tag{3.14}$$

（2）绝对距离,公式为

$$D_j = \sum_{i=1}^{p} |x_i - M_{ij}| \tag{3.15}$$

分类时,根据上面求得的距离,把像元 X 归入到 D_j 最小的那一类中。

最小距离分类法的概念和处理都很简洁,但在遥感图像分类中使用并不广泛。因为最小距离分类没有考虑不同类别内部方差的不同,从而造成有些类别在边缘处重叠,引起分类误差,所以需要通过运用更高级复杂的距离算法来改进这一问题。

2.最大似然判别分类

最大似然判别分类是一种非线性分类,首先假设训练样本数据在特征空间上的分布服从高斯正态分布,然后计算样本属于各类别的归属概率,将样本归并于概率最大的一组类别。最大似然判别分类是根据有关概率判决函数 Bayes 判别准则对遥感图像进行的识别分类,是应用较广的监督分类方法,又称为贝叶斯判别法。这种方法是以归属某类的概率最大或错分损失最小为原则进行的判别。

假设某遥感图像上有 s 个地物类别,分别用 $\omega_1,\omega_2,\cdots,\omega_s$ 来表示,每个类别发生的先验概率分别为 $P(\omega_1),P(\omega_2),\cdots,P(\omega_s)$ 。设有未知类别的样本 X ,其类条件概率分别为 $P(X \mid \omega_1),P(X \mid \omega_2),\cdots,P(X \mid \omega_s)$,则根据 Bayes 判别准则可以得到样本出现的后验概

率为

$$P(\omega_i \mid X) = \frac{P(X \mid \omega_i)P(\omega_i)}{P(X)} = \frac{P(X \mid \omega_i)P(\omega_i)}{\sum\limits_{i=1}^{s} P(X \mid \omega_i)P(\omega_i)} \qquad (3.16)$$

Bayes 分类器以样本 X 出现的后验概率为判别函数来确定样本 X 的所属类别,判别准则为:如果

$$P(\omega_i \mid X) = \max_{i=1}^{s} P(\omega_j \mid X) \qquad (3.17)$$

则 $X \in \omega_i$。

在式(3.16)中,分母是与类别无关的常数,因此可以不考虑分母对 $P(\omega_i \mid X)$ 的影响。由以上分析可见,Bayes 分类器实际上是通过把观测样本的先验概率转化为它的后验概率来确定样本所属类别的。在 Bayes 分类器中,先验概率 $P(\omega_i)$ 通常可以根据对采样样本的统计计算给出,而类的条件概率 $P(X \mid \omega_i)$ 则需根据问题的实际情况做出合理的假设。若假设 $P(X \mid \omega_i)$ 是服从正态分布的,则 Bayes 分类器可转化为最小距离分类器来进行分类。

按照 Bayes 分类器对样本进行分类,其优越性在于能利用各类型的先验性分布知识及其概率,使错误分类的概率最小。

3.平行管道法聚类分析

这种方法比较简单,它以地物的光谱特性曲线为基础,假定同类地物的光谱特性曲线相似作为判决的标准。设置一个相似阈值,这样同类地物在特征空间上表现为以特征曲线为中心,以相似阈值为半径的管子,此即为所谓的"平行管道"。

具体算法步骤如下。

(1) 从多光谱遥感图像中选一个样本矢量(分量为各波段亮度值)作为第一类的特征矢量,同时将该样本矢量对应的像元标为第一类。

(2) 设置光谱响应相似性度量阈值 T。

(3) 依次从多光谱遥感图像中读取样本矢量,设为 $X, X = [x_1, x_2, x_3, x_4]T$(假设取四个波段的遥感图像)。与已经形成的各个类别的特征矢量 $x_i (i=1,2,\cdots,$ 已形成的类别数),$x_i = [x_{i1}, x_{i2}, x_{i3}, x_{i4}]T$ 比较,分别计算得

$$d_1 = |x_1 - x_{i1}|, d_2 = |x_2 - x_{i2}|, d_3 = |x_3 - x_{i3}|, d_4 = |x_4 - x_{i4}| \qquad (3.18)$$

若 d_1、d_2、d_3、$d_4 \leqslant T$,则将该样本矢量对应的像元标记为第三类,重复(3),否则转入(4)。

(4) 将 X 设为第 $i+1$ 类的特征矢量,同时将 X 对应的像元标记为第 $i+1$ 类,类别数加1,转至(3)。

(5) 所有像元聚类完毕,输出标记类别图像。

可以看出这种算法的结果与第一个聚类中心的选取阈值 T 的大小有关。这种方法的优点是计算简单。

四、非监督分类与监督分类方法比较

从上一节中可知,计算机遥感图像分类是统计模式识别技术在遥感领域中的具体应用,计算机分类是遥感图像解译的重要手段。

(一) 非监督分类与监督分类方法的比较

非监督分类与监督分类方法的根本区别在于是否利用训练样区来获取先验的类别知

识。监督分类根据训练样区提供的样本选择特征参数,建立判别函数,对待分类点像元进行分类,因此训练场地选择是监督分类的关键。相比之下,非监督分类不需要先验知识,根据地物的光谱统计特性进行分类,因此非监督分类方法简单。严格地说,分类效果的好坏需要经过实际调查来检验。当光谱特征类能够和地物类型(如水体、植被类型、土地利用类型、土壤类型等)相对应时,非监督分类也可取得较好的分类效果。当两个地物类型对应的光谱特征类差异很小时,非监督分类效果不如监督分类效果好。非监督分类在很多地方上将地物划分错误,而监督分类错误较少。

1.非监督分类的优点

与监督分类相比,非监督分类的优点如下。

(1)非监督分类不需要预先对所要分类的区域有深入的了解。

(2)人为误差的概率很小,在进行非监督分类时,分析人员只需要设定分类的数量,即使分析人员对分类区域有不准确的理解也不会对分类结果有很大影响。

(3)只要设立足够多的类别,就可以对图像进行全部分类。

2.监督分类的优点

与非监督分类相比,监督分类的优点如下。

(1)分析人员可以控制,适用于研究需要区域地理特征的信息特征。

(2)可控制训练样区和训练样本的选择。

(3)运用监督分类不必担心光谱类别和地物类别的匹配问题,因为这个问题在选择训练数据的过程中就解决了。

(4)通过检验训练样本精度,确定分类是否正确,估算监督分类中的误差。虽然训练数据的正确分类并不能保证其他数据的正确分类,但训练类型不正确的划分必定会导致分类过程的严重错误。

(5)避免了非监督分类中对光谱集群类别的重新归类。

3.非监督分类的缺点和限制

非监督分类的主要缺点和限制有两个方面:一是对"自动"分组的依赖性;二是很难将分类的光谱类别与地物类别进行完全匹配。具体表现在以下三方面。

(1)非监督分类形成的光谱类别并不一定与地物类别对应。因此,分析人员面临着将分类得到的光谱类别与最终类别相匹配的问题,而实际上两种类别几乎很少能够一一对应。

(2)分析人员很难控制分类产生的类别并进行识别。因此,运用非监督分类不一定会产生令分析人员满意的结果。

(3)地物类别的光谱特征随着时间而变化。因此,地物类别与光谱类别间的关系并不是固定的。另外,一幅影像中某两类别间的关系不能运用于另一副影像中,所以光谱分类后的解译识别工作量大而复杂。

4.监督分类的缺点和局限

监督分类的缺点和局限如下。

(1)分类体系和训练样区的选择有主观因素的影响。分析人员定义的类别也许并不是影像中存在的自然类别,在多维数据空间中,这些类别的差别不大。

（2）训练样区的代表性问题。训练数据的选择通常参照地物类别和光谱类别,有时其代表性不够典型。例如,选择的纯森林训练样区对于森林信息类别来说似乎非常精确,但由于区域内森林的密度、年龄、阴影等有许多的差异,因此训练样区的代表性不高。

（3）有时训练样区的选择很困难。训练数据的选取是一项费时、费力、艰难的工作,在分类区域的面积很大、用地类别非常复杂的情况下更是如此。

（4）只能分类出训练样本所定义的类别,对于未被分析人员定义的类别则不能识别,容易造成类别的遗漏。

（二）非监督分类与监督分类方法的结合

在实际工作中,常将监督法分类与非监督法分类相结合,取长补短,使分类的效率和精度进一步提高。例如,监督法分类主要工作是必须在分类前圈定样本性质单一的训练样区,而这可以通过非监督法来进行,即通过非监督法将一定区域聚类成不同的单一类别,监督法再利用这些单一类别区域"训练"计算机。通过"训练"后的计算机将其他区域分类完成,这样避免了使用速度比较慢的非监督法对整个影像区域进行分类,在分类精度得到保证的前提下,分类速度得到了提高。具体可按以下步骤进行。

（1）选择一些有代表性的区域进行非监督分类。这些区域尽可能包括所有感兴趣的地物类别。这些区域的选择与监督法分类训练样区的选择要求相反,监督法分类训练样区要求尽可能单一。这里选择的区域包含类别尽可能多,以便使所有感兴趣的地物类别都能得到聚类。

（2）获得多个聚类类别的先验知识。这些先验知识的获取可以通过判读和实地调查取得,聚类的类别作为监督分类的训练样区。

（3）特征选择。选择最适合的特征图像进行后续分类。

（4）使用监督法对整个影像进行分类。根据前几步获得的先验知识以及聚类后的样本数据设计分类器,对整幅影像进行分类。

（5）输出标记图像。由于分类结束后影像的类别已确定,因此可以将整幅影像标记为相应类别输出。

五、分类后处理和误差分析

分类完成后需对分类后的影像进一步处理,使结果影像效果更好。另外,对分类的精度要进行评价,以供分类影像进一步使用时参考。

（一）分类后处理

无论是监督分类还是非监督分类,都是按照图像光谱特征进行聚类分析的。因此,对获得的分类结果需要再进行一些处理工作,才能得到最终相对理想的分类结果,这些处理操作统称为分类后处理,常用的方法有聚类统计、过滤分析、去除分析和分类重编码等。

1. 聚类统计

无论是利用监督分类还是非监督分类,分类结果中都会产生一些面积很小的图斑。从专题制图的角度和从实际应用的角度来看,都有必要对这些小图斑进行剔除。聚类统计通过分类专题图像计算每个分类图斑的面积、记录相邻区域中最大图斑面积的分类值等,产生一个聚类统计类组输出图像。其中,每个图斑都包含聚类统计类组属性。该图像是一个中间文件,用于下一步处理。

2.过滤分析

过滤分析功能对经聚类统计处理后的聚类统计类组图像进行处理,按照定义的数值大小删除聚类统计图像中较小的类组图斑,给所有小图斑赋予新的属性值。过滤分析经常与聚类统计命令配合使用,对于无须考虑小图斑归属的应用问题有很好的作用。

3.去除分析

去除分析用于删除原始分类图像中的小图斑或聚类统计图像中的小聚类统计类组。与过滤分析命令不同,去除分析将删除的小图斑合并到相邻的最大的分类中,如果输入影像是聚类统计影像,经过去除处理后,将分类图斑的属性值自动恢复为聚类统计处理前的原始分类编码,其结果是简化的分类影像。

4.分类重编码

分类重编码是针对非监督分类而言的,在非监督分类过程中,用户一般要定义比最终需要多的一定数量的分类数,完全按照像元灰度值通过 ISODATA 聚类获得分类方案后,将专题分类影像与原始影像对照,判断每个类别的专题属性,然后对相似或类似的分类通过影像重编码进行合并,并定义分类名称和颜色。

(二) 精度评价

进行遥感影像分类必然会涉及分类结果的精度问题。图像分类精度评价是分类后不可缺少的组成部分。分类者通过精度分析能确定分类模式的有效性,改进分类模式,提高分类精度,使用者能根据分类结果的精度,正确、有效地利用分类结果中的信息。

分类精度的评价通常是用分类图与标准数据(图件或地面实测值)进行比较,以正确的百分比来表示精度。评价方法有非位置精度和位置精度两种。非位置精度是用一个简单的数值,如面积、像元数目等表示分类精度,未考虑位置因素,所获得的精度值偏高。位置精度是通过比较两幅图位置之间一致性的方法进行评价的,将分类的类别与其所在的空间位置进行统一检查。目前普遍采用混淆矩阵方法。

混淆矩阵 / 误差矩阵是通过将每个地表真实像元的位置和分类与分类图像中的相应位置和分类相比较计算的,主要用于比较分类结果和地表真实信息,可以把分类结果的精度显示在一个混淆矩阵中。混淆矩阵是 n 行 n 列的矩阵,n 代表类别的数量,一般可表示为

类型	参考图像(实际类别)					
	1	2	3	…	n	总和
1	P_{11}	P_{12}	P_{13}	…	P_{1n}	P_{1+}
2	P_{21}	P_{22}	P_{23}	…	P_{2n}	P_{2+}
分类图像 3	P_{31}	P_{32}	P_{33}	…	P_{3n}	P_{3+}
(预测类别) …	…	…	…	…	…	…
n	P_{n1}	P_{n2}	P_{n3}	…	P_{nn}	P_{n+}
总和	P_{+1}	P_{+2}	P_{+3}	…	P_{+n}	P

通常,表中的列经常表示参考数据,行表示分类数据。因此,混淆矩阵中,每一列代表了一个地表真实分类,每一列中的数值等于地表真实像元在分类图像中对应于相应类别的数量,有像元数和百分比表示两种。对角线上的元素为被正确分类的样本数目,非对角线上

的元素为被混分的样本数。实际类型（地面实况数据）指地表实测值或标准数据或图件上对应的抽样样本，行总数代表分类数据各样的抽样样本数目总和，列总数代表实际类型各类的抽样样本数据总和。

由混淆矩阵可以计算出总体分类精度、生产者精度、使用者精度和 Kappa 系数。

1. 总体分类精度

指对角线上所有样本的像元数（正确分类的像元数）除以所有像元数。总体分类精度只考虑混淆矩阵中沿对角线方向的数据，而忽略了非对角线方向的数据，其计算公式为

$$p_c = \sum_{k=1}^{n} p_{kk} / p \tag{3.19}$$

2. 生产者精度

指某类中正确分类的像元数除以参考数据中所有该类的像元数（列方向），又称为制图精度，反映了用于产生这张分类图的方法的好坏。对于第 i 类，其生产者精度的计算公式为

$$p_{ui} = p_{ii} / p_{i+} \tag{3.20}$$

3. 使用者精度

指某类中正确分类的像元数除以参考数据中所有的该类的像元数（行方向），又称为用户精度，反映了分类图中各类别的可信度，即这幅图的可靠性。对于第 i 类，其使用者精度的计算公式为

$$p_{ai} = p_{jj} / p_{+j} \tag{3.21}$$

可见，总体分类精度、使用者精度和生产者精度从不同的侧面描述了分类精度。总体分类精度反映分类结果与实际类型相一致的概率；生产者精度指地面上某一类型被正确反映在地图上的概率，所对应的误差为漏分误差（comisson errors）；使用者精度指分类图上某一类型正确分类的概率，所对应的误差为错分误差（commission errors）。

4. Kappa 系数

是另外一种计算分类精度的方法，采用一种离散的多元技术来测定两幅图之间的吻合度。Kappa 系数是通过把所有地表真实分类中的像元总数乘以混淆矩阵对角线的和减去对某一类中地表真实像元总数与该类中被分类像元总数之积的所有类别求和的结果，除以总像元数的平方差减去对某一类中地表真实像元总数与该类中被分类像元总数之积的所有类别求和的结果得到的，其计算公式为

$$\text{Kappa} = \frac{N \sum_{i=1}^{r} x_{ii} - \sum_{i=1}^{r} (x_{i+} \cdot x_{+i})}{N^2 - \sum_{i=1}^{r} (x_{i+} \cdot x_{+i})} \tag{3.22}$$

式中，r 是分类数；x_{ii} 是误差矩阵中对角线上元素；x_{i+} 和 x_{+i} 分别是第 i 行和第 i 列的总像元数；N 是总样本像元数。

一般来说，Kappa 系数大于 80%，认为分类图与参考数据之间有很好的一致性，即分类精度很高；Kappa 系数在 $40\% \sim 80\%$，认为分类图与参考数据之间的一致性中等；Kappa 系数小于 40%，认为分类图与参考数据之间一致性很差。任何负的 Kappa 都表示分类效果很差，但负值的范围取决于待评价的误差矩阵。因此，负值大并不能表示分类效果差。

六、影响图像分类的有关因素

目前遥感图像分类所采用的一些方法各有优缺点,有些方法,如 Bayes 判别准则的数学推导,可以说达到了相当严密的程度,但遥感图像自动识别分类仍难消除错分和漏分现象,分类精度一般只有 60% ~ 70%,达到 85% 就很好了,超过 95% 的更是凤毛麟角,特别是在地面景观复杂的地区,更难达到高精度。

遥感图像计算机分类算法设计的主要依据是地物光谱数据。影响图像分类的因素主要有以下几类。

(一) 未能充分利用遥感图像的多种信息

遥感数字图像计算机分类的依据是像素具有的多光谱特征,并没有考虑相邻像素之间的关系。例如,被湖泊包围的岛屿,通过分类仅能将陆地与水体区别,但不能将岛屿与邻近的陆地(假定两者地面覆盖类型相同,具有同样的光谱特征)识别出来。这种方法的主要缺陷在于地物识别与分类中没有利用到地物空间关系等方面的信息,统计模式识别以像素为识别的基本单元,未能利用图像中提供的形状和空间位置特征。

(二) 提高遥感图像分类精度受到限制

这里的分类精度指分类结果的正确率。正确率包括地物属性被正确识别和它们在空间分布面积的准确度量。遥感数字图像分类结果在没有经过专家检验和野外校正的情况下,分类精度一般不超过 90%。除了与选用的分类方法有关外,还存在着制约遥感图像分类精度的四个客观因素。

1. 大气状况影响

地物辐射电磁波必须经过大气才能到达传感器,大气的吸收和散射会对目标地物的电磁波产生影响。其中,大气吸收使得目标地物的电磁波辐射被衰减,到达传感器的能量减少;散射会引起电磁波发生方向变化,非目标地物的电磁波也会因为散射进入传感器,导致遥感图像灰度级产生偏移。不同时间大气成分以及湿度不同,散射影响也不同,因此遥感图像中的灰度值不完全反映目标地物辐射电磁波的特征。为了提高遥感图像分类的精度,必须在图像分类之前进行大气纠正。

2. 下垫面的影响

下垫面的覆盖类型和起伏状态对分类也有一定影响。受传感器空间分辨率限制,农田中的植被、土壤和水渠,石质山地稀疏的灌木丛和裸露的岩石可形成混合像元,它们对遥感图像分类的精度影响很大。这种情况可以在分类前首先进行混合像元分解,把它们分解成子像元后再分类。分布在山区向阳面与背阳面的同一地物,单位面积上接收太阳光能量不同,地物电磁波辐射能量也不同,其灰度值也存在差异,容易造成分类错误。在地形起伏变化较大时,可以采用比值图像代替原图像进行分类,以消除地形的影响。

3. 其他因素的影响

图像中的云朵会遮盖目标地物的电磁波辐射,影响图像分类。图像中仅有少量云朵时,分类前可以采用去噪声方法进行清除。多时相图像分类时,不同景的图像由于成像时光照条件的差别,同一地物电磁波辐射量存在差别,也会对分类产生影响。地物边界的多样性使得判定类别的边界成为很困难的事。例如,湖泊和陆地具有明确的界线,但森林和草地的界线则不明显,不少地物类型间还存在着过渡地带,要精确将其边界区别出来并非一件容易的事。因此,要提高遥感图像分类精度,既需要对图像进行分类前处理,也需要选择合适的分类方法。

4.分类精度的好坏需要经过实际调查的结果来检验

当光谱特征类型和唯一的地物类型(通常指水体、不同植被类型、土地利用类型、土壤类型等)相对应时,非监督分类效果可取得较好的分类效果,当两个地物类型对应的光谱特征类型差异很小时监督分类效果比非监督分类效果好。

最后,应该指出,造成遥感数据自动识别分类的不确定性和非唯一性是相当复杂的问题,涉及遥感成像系统、大气影响等。上述各种对策措施在其适用范围可收到一定成效,但不是万能的,必须开拓思路、灵活应用并积极探索,把图像变换、增强、分割等处理技术与自动识别分类密切结合起来提高分类精度。

(三) 提高计算机分类效果的策略

导致遥感图像自动分类识别精度不高的因素多种多样,有些因素受制于目前遥感成像系统结构不够完善和计算机图像处理系统非智能化等,一般很难完满解决,有些因素则可通过努力得到一定程度的改善。

1.正确选取特征变量

遥感图像计算机识别分类的主要依据是遥感图像的特征变量。多光谱遥感图像各个波段灰度值是最基本的原始特征变量。经过加、减、乘、除混合运算以及一些变换处理,如 $K-L$ 变换、比值变换等,可以生成一系列新的特征变量。此外,还可以让有关的非遥感数据经过一定的归一化与几何配准等处理,成为遥感图像网格坐标相一致的非遥感变量。这些新变量与原始特征变量都是对地物目标特征的客观反映,它们组成一个维数很高的特征变量空间。在图像分类处理中,笼统地说变量多、维数高,有利于分类精度的提高。但是当变量太多、维数太高时,不仅增加分类算法复杂性与计算量,同时不少变量之间往往有较高的相关性,在分类判定过程中会造成更多的混淆与不确定性,反而降低分类精度,因此在进行分类之前既要考虑增加新的变量,又要从已经形成的多维特征变量中进行正确选择,选出一些有良好分类效果的特征变量,才能有效地提高分类精度。

特征变量的选择是个相当复杂的问题,随应用目的、研究地区特点、遥感数据类别与成像季节等众多要素而变。但可用一句话概括,就是要尽可能选取数量适当又有助于体现所感兴趣地物目标的类聚性(即类内各个体间离散性小),扩大与其他类别间差异性的特征变量。

在实践中一般可采用与彩色合成时选择变量相类似的方法,如计算熵值以及因子分析法、排序法和主轴法等。但有时仍需经过反复试验,才能最后确定应选取的特征变量,以便获得较好的分类效果。

2.优化训练区

在监督分类中,选好训练样区,对样区进行不断的调整与优化具有十分重要的作用,如果选取的样区不同,分类结果就会有差异,甚至差异颇大。

选取训练样区必须根据先验知识,并尽可能参考现势性强的图件和文字资料,以便能够选出最有代表性、波谱特征比较均一的地段。每一类别选取一块以上分布在图像不同部位的样区,但切勿选到过渡区或其他类别轮廓中去。每个样区的样本数(即像元数)视该类别影像轮廓的大小而定。每类的总样本数不能太少,至少应超过变量数,否则会降低统计判别的可信度。

3.充分利用影像空间信息

遥感图像的空间信息主要包括纹理结构与几何形状等,它们都是遥感图像目视解译的主要标志,在以图像光谱特征统计分析为基础的现有自动识别分类中已显现出重要作用,蕴藏着巨大潜力,有待挖掘。

(1)纹理信息的利用。

人眼可以识别区分各种不同的纹理特征,但没有定量标准,难以形成统一的尺度。定量化的纹理信息不可能在遥感图像上直接得到,必须通过图像变换等处理进行抽取,即从原图像中相邻像元的空间变化特征及其组合情况,经过各种运算,才能得出反映纹理信息的定量数据,形成纹理变量或显示为纹理图像。纹理变量可作为特征变量之一,参与多变量分类,这样就在波谱信息中加进了纹理信息以弥补单纯波谱信息分类易误分错判的缺陷,也可以依据抽取出的纹理特征信息对原始分类结果进行二次分类提高分类精度。例如,在土地覆盖的自动识别分类中常遇到居民点与苗期旱耕地、场院等混分现象,还有果园和已封行的农田、草地也很容易彼此混淆,如能运用纹理特征就可以显著改善分类精度。

(2)几何信息的利用。

近年来,随着计算机视觉识别技术的进展,根据方向对称变量不仅能描述点对称性,而且能够通过对称性在不同方向上的分布来描述物体的基本形状。据此原理开展从 TM 图像上提取地物目标几何属性的实验研究已取得一定成果。

思　考　题

1.简述遥感图像计算机分类的基本过程。

2.比较监督分类与非监督分类的优缺点。

3.说明分类精度评价的概念与基本方法。

项目四　ERDAS 遥感影像处理基础实验

任务一　ERDAS IMAGINE 主要菜单命令及其功能

一、Session(综合菜单)

完成系统设置、面板布局、日志管理、启动命令工具、批处理过程、实用功能、联机帮助等。主要包括如下内容。

(1)Preferences。设置系统默认值。

(2)Configuration。配置外围设备。

(3)Session Log。查看实时记录。

(4)Active Process List。当前运行处理操作。

(5)Commands。启动命令工具。

(6)Enter Log Message。向系统综合日志输入文本信息。

(7)Start Recording Batch Commands。启动批处理工具。

(8)Open Batch Command File。打开批处理命令文件。

(9)View Offline Batch Queue。查看批处理队列。

(10)FlipIcons。确定图标面板的水平或垂直显示状态。

(11)Tile Viewers。平铺排列两个以上已经打开的窗口。

(12)Close All Viewers。关闭当前打开的所有窗口。

(13)Main。进入主菜单,启动图标面板中包括的所有模块。

(14)Tools。进入工具菜单。

(15)Utilities。进入实用菜单。

(16)Help。打开帮助文档。

(17)Properties。系统特性,配置模块。

(18)Generate system information report。生成系统报告。

(19)Exit IMAGINE。退出 ERDAS IMAGINE 软件环境。

二、Main(主菜单)

启动 ERDAS 图标面板中包括的所有功能模块。主要包括如下内容。

(1)Start IMAGINE Viewer。启动 ERDAS 窗口。

(2)Import/export。启动输入输出模块。

(3)Data preparation。启动预处理模块。

(4)Map composer。启动专题制图模块。

(5)Image interpreter。启动图像解译模块。

(6)Image catalog。启动图像库管理模块。

(7)Image classification。启动图像分类模块。

(8)Spatial modeler。启动空间建模模块。

(9)Vector。启动矢量功能模块。

(10)Radar。启动雷达图像处理模块。

(11)Virtual GIS。启动虚拟 GIS 模块。

(12)Subpixel classifier。启动子象元分类模块。

(13)DeltaCue。启动动态监测模块。

(14)Stereo analyst。启动三维立体分析模块。

(15)Imagine autosync。启动影像自动配准模块。

三、Tools(工具菜单)

完成文本编辑、矢量／栅格数据属性编辑、图像文件坐标变换、注记及字体管理、三维动画制作。主要包括如下内容。

(1)Edit text file。编辑 ASCII 文件。

(2)Edit raster attributes。编辑栅格文件属性。

(3)View binary data。查看二进制文件。

(4)View IMAGINE HFA file structure。查看 ERDAS 层次文件结构。

(5)Annotation information。查看注记文件信息,包括元素数量与投影参数。

(6)Image information。查看栅格图像信息。

(7)Vector information。查看矢量图形信息。

(8)Image commands tool。设置命令操作环境。

(9)Coordinate calculator。坐标系统转换。

(10)NITF Metdata viewer。查看 NITF 文件的元数据。

(11)Creat/display movie sequences。产生和显示一系列图像画面形成的动画。

(12)Creat/display viewer sequences。产生和显示一系列窗口画面组成的动画。

(13)Image Drape。以 DEM 为基础的三维图像显示与操作。

(14)DPPDB Workstation。输入和使用 DPPDB 产品。

四、Utilities(实用菜单)

完成多种栅格数据格式的设置与转换以及图像的比较。

五、Help(帮助菜单)

启动联机帮助、查看联机文档等。

任务二　遥感图像认知实验

一、实习内容及要求

近年来,遥感技术不断发展,遥感对地观测已经形成一个多平台、多传感器、多角度的综合体系。人们获取遥感影像,在空间分辨率、时间分辨率、光谱分辨率、波段数等方面都有了更多的选择,这就需要根据具体的应用需求选择合适的遥感影像数据。

通过本次实验,应掌握以下内容。

(1) 了解遥感卫星数字影像的差异。

(2) 掌握查看遥感影像相关信息的基本方法。

二、遥感图像文件信息查询

(一) 实验原理

遥感图像的文件信息包括图像的图层信息、统计信息、投影坐标信息和图像的边界点信息等。查看遥感图像的文件信息可以对遥感图像的质量、范围等进行初步的了解。

(二) 实验数据

Google Earth 影像数据。

文件路径:chap2/Ex1。

文件名称:zjs.img。

(三) 实验过程

(1) 启动 ERDAS,单击"Viewer"(阅读器)图标,弹出 Viewer♯1 视窗。

(2) 在菜单栏中选择"File | Open | Raster Layer"(文件 | 打开 | 栅格图层),按照数据存放路径找到"zjs.img",打开(图 4.1)。

图 4.1　加载 zjs.img 后的 Viewer 视窗

(3) 在工具条中单击 🔳,打开 ImageInfo(图像信息)窗口(图 4.2)。

(4) 在 General(综合)选项卡下可以查看该影像文件的文件信息、统计信息和坐标系信息等。

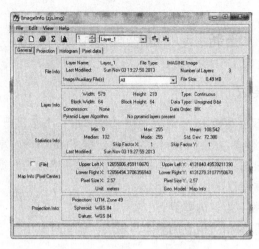

图 4.2　ImageInfo 窗口

（5）切换到 Projection（投影）选项卡也可以查看影像文件的投影信息（图 4.3）。

图 4.3　ImageInfo 视窗下查看投影信息

（6）Histogram（直方图）选项卡下，查看影像文件的直方图信息（图 4.4）。在工具栏中单击 图标，可以查看影像文件不同图层的直方图信息。

（7）Pixel Data（像素数据）选项卡下可以查看影像文件的每一个像元的亮度值（图 4.5）。

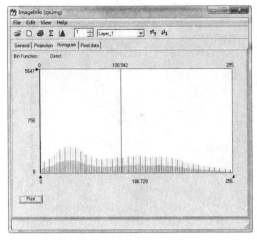
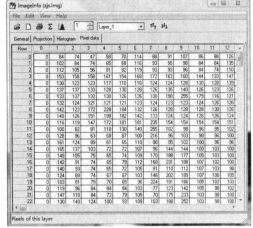

图 4.4　ImageInfo 窗口下查看直方图信息　　　图 4.5　ImageInfo 窗口下查看像元亮度值度值

如图 4.6(a) 所示为 zdxq1 视图窗口(资源卫星影像),其空间分辨率为 10 m,影像有比较清晰的地物结构。如图 4.6(b) 所示为 zdxq2 视图窗口(Google Earth 影像),其空间分辨率在 1 m 左右,影像中能够清晰识别到公路上的汽车。如图 4.6(c) 所示为 TM4 视图窗口(Landsat 8 第 4 波段),其空间分辨率为 30 m,与 10 m 的资源卫星影像相比,其对地物结构反映能力要差,与图 4.6(d) 的 TM8 视图窗口(Landsat 8 全色波段,空间分辨率为 15 m) 相比也是如此。如图 4.6(e) 所示为 alos 视图窗口(日本 Alos 卫星在河南鹤壁所成的影像),其空间分辨率为 2.5 m。如图 4.6(f) 所示为 fy3a_mersi 视图窗口(我国风云卫星气象卫星Mersi 传感器所成的影像),其空间分辨率为 250 m。

在 Viewer♯1 中选择"Utility | Inquire Cursor"(实用功能 | 光标查询),打开 Inquire Cursor 对话框(图 4.7)。打开窗口的同时可以看到在 Viewer♯1 窗口中出现十字丝,在 Inquire Cursor 对话框中显示的就是十字丝交点的像元信息。拖动十字丝就可以查询不同点的信息,如坐标、灰度值、LUT 表值、像元大小直方图等。

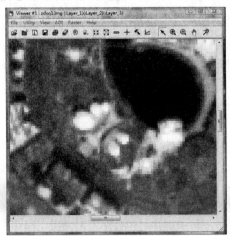

(a) zdxq1视图窗口(资源卫星影像)　　　　　(b) zdxq2视图窗口(Google Earth影像)

图 4.6　空间分辨率对比

(c) TM4视图窗口(Landsat 8第4波段)　　(d) TM8视图窗口(Landsat 8全色波段)

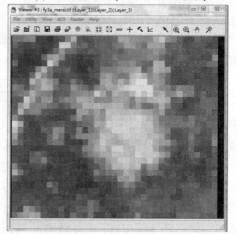

(e) alos视图窗口(ALOS影像)　　(f) fy3a_mersi视图窗口(风云3A影像)

续图 4.6

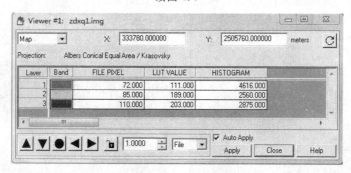

图 4.7　Inquire Cursor 对话框

　　利用光标查询功能,可以获取目标地物的像素个数。例如,在 Viewer♯2 窗口中拖动十字光标的位置,使其分别位于典型目标地物的两端,从 Inquire Cursor 对话框中读取相对应的像素坐标,对比就可以获取该地物在 X 方向和 Y 方向所占的像素个数,利用该方法估计Viewer♯2 中影像分辨率小于 1 m。

四、遥感影像纹理结构认知

（一）实验原理

遥感影像的纹理是指遥感影像通过色调或者颜色有规律变化呈现的纹路，这种细纹或者微小的图案在某一确定的图像区域中以一定的规律重复出现。纹理可以作为区别地物属性的重要依据。

（二）实验数据

资源卫星影像和谷歌地球影像。

文件路径：chap2/Ex2。

文件名称：zdxq1.img；zdxq2.img。

（三）实验过程

对实验数据进行纹理增强，过程如下。

（1）选择"Main｜Image Interpreter｜Spatial Enhancement｜Texture"（主菜单｜图像解译｜空间增强｜纹理分析）命令，打开 Texture 对话框（图4.8）。

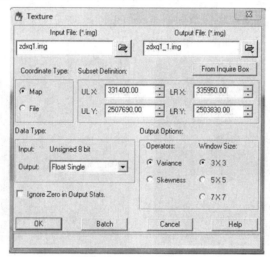

图 4.8　Texture 对话框

（2）确定输入遥感影像。

（3）确定输出影像的路径及名称。

（4）点击"OK"，执行纹理增强（其他参数保持默认）。

纹理增强后的影像对比如图4.9所示。纹理增强的主要功能在于提取地物的边界与轮廓，对比分析后发现 zdxq2.img（谷歌地球影像）的纹理结构要比 zdxq1.img（资源卫星影像）丰富细腻得多，能够看出地物的细节变化，而资源卫星影像纹理增强后只能粗略分辨较大地物的轮廓。

（四）纹理分析的应用

从影像解译的观点来看，一个物体的空间特征往往是鉴别该物体极为重要的特征。空间特征包括物体的大小、形状、纹理或线性特征，但是空间特征还不能达到光谱特征的有效利用水平。

(a)zdxq1－1   (b)zdxq2－2

图 4.9   纹理增强后的影像对比

纹理是一种反映一个区域中像素灰度级的空间分布的属性,可以通过基于灰度值的矩阵运算建立纹理统计指标,计算影像中像元与像元、像元与整体影像之间的空间关系。高分辨率影像可以建立极好的纹理统计空间关系,如图 4.10 所示为利用 10 m 分辨率的 spot 影像,基于纹理特征统计信息的围网养殖区提取结果。

图 4.10   基于纹理特征统计信息的围网养殖区提取结果

五、色调信息认知

(一) 实验原理

遥感影像的色调是指影像中画面色彩的总体倾向或图像的相对明亮程度。色调是识别地物的基本依据,根据遥感影像的色调特点可以找到目标地物,也可以区分不同的地物类型。

(二) 实验数据

Landsat 8 影像数据。

文件路径:chap2/Ex3。

文件名称:landsat8.img。

（三）实验过程

不同波段组合的遥感影像色调信息。

（1）在 Viewer♯1 视窗中打开 landsat8.img。

（2）在 Viewer♯1 视窗的菜单栏中选择"Raster ｜ Band Combination"（栅格 ｜ 波段组合），打开 Set layer Combinations（设置层组合）窗口（图 4.11）。

图 4.11　Set Layer Combinations 窗口

（3）在 RGB 通道内分别对应不同的 Landsat 8 波段，观察 viewer♯1 视窗中遥感影像的色调差异。

① 真彩色合成。 在 RGB 对应的通道内分别设置 Landsat 8 的 4、3、2 波段（图 4.12(a)）。这种组合合成图像的色彩与原地区或景物的实际色彩一致，适合非遥感专业人员使用。

② 标准假彩色合成。在 RGB 对应的通道内分别设置 Landsat 8 的 5、4、3 波段，获得的图像植被呈现红色，由于突出表现了植被的特征，因此应用十分广泛（图 4.12(b)）。

③ 其他假彩色合成。 在 RGB 对应的通道内分别设置 Landsat 8 的 6、5、4 波段（图 4.12(c)），合成的影像利于提取水体的边界。在 RGB 对应的通道内分别设置 Landsat 8 的 5、6、2 波段（图 4.12(d)），这是信息量最丰富的组合。

(a) RGB对应4、3、2波段　　　　　　　(b) RGB对应5、4、3波段

图 4.12　不同波段组合的色调信息

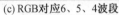

(c) RGB对应6、5、4波段　　　　　　　　(d) RGB对应5、6、2波段

续图 4.12

六、遥感影像特征空间分析

(一) 实验原理

遥感影像特征空间就是每两个波段间的相关性。特征空间影像是一个二维直方图,图形的形状可以说明两个波段相关性的强弱。如果特征空间图长而狭窄,则认为相关性强;反之,则认为相关性较弱。

(二) 实验数据

ALOS 卫星影像。

文件路径:chap2/Ex4。

文件名称:alos.img。

(三) 实验过程

(1) 在图表面板上单击"Classifier"(图像分类)图标,选择"Signature Editor"(模板编辑器),打开 Signature Editor 面板(图 4.13)。

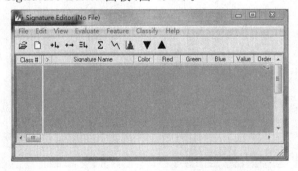

图 4.13　Signature Editor 面板

(2) 选 择 "Feature ｜ Create ｜ Feature Space Layers"(特征空间操作｜生成特征空间图像｜特征空间层),打开 Create Feature Space Images(创建特征空间图像)面板(图 4.14)。

（3）确定输入数据，在数据存放目录下选择 alos.img。

（4）勾选 Output To Viewer 可选框，其他参数保持默认（图4.14）。

（5）单击"OK"执行分析程序，完成进度后可以看到输出的结果（图4.15）。

从图4.15中可以看出 ALOS 影像2、3波段的特征图长而狭窄，说明这两个波段相关性最强。而在选取波段组合时，经常会选择相关性较小的波段。

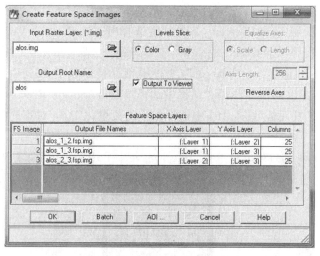

图 4.14　Create Feature Space Images 面板

图 4.15　特征空间分析结果

七、矢量化

（一）实验原理

矢量化是把栅格数据转换成矢量数据的处理过程，是数字图像处理中的一个重要问题，是一个综合了计算机视觉、计算机图像处理、计算机图形学和人工智能等各个学科的交叉课题。矢量数据有很多优点：一是矢量数据由简单的几何图元组成，表示紧凑，所占存储空间小；二是矢量图像易于进行编辑；三是用矢量表示的对象易于缩放或者压缩，并且不会降低其在计算机中的显示质量。

（二）实验数据

ALOS 卫星影像数据。

文件路径：chap2/Ex4。

实验数据：alos.img。

（三）实验过程

（1）打开遥感影像。

（2）创建矢量图层。从 Viewer#1 菜单栏选择"File｜New｜Vector Layer"（文件｜新建｜矢量图层），在弹出的 Create a New Vector Layer（新矢量图层创建）对话框中选择矢量图层的保存路径，并命名"alos_vector"，文件类型保持默认的 Arc Coverage（弧范围）格式。单击"OK"，在弹出的精度选择对话框中选择单精度（Single Precision）。

（3）从矢量化工具面板（图 4.16）中选择相应的矢量化工具，对不同的地物进行矢量化，直到完成。

（4）在 Viewer 视窗的菜单栏选择"File｜Save｜To PLayer"，保存矢量图层。

图 4.16　矢量化工具面板

（5）在不同的视窗中分别打开影像和矢量图层，观察矢量化的结果（图 4.17）。

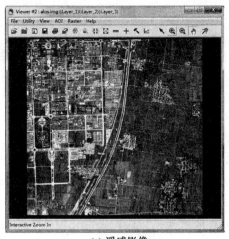 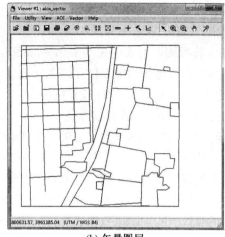

(a) 遥感影像　　　　　　　　　　　　　(b) 矢量图层

图 4.17　栅格影像和矢量图层

任务三　遥感图像输入／输出

一、实习内容及要求

遥感图像的输入／输出是处理图像的基础,在此基础上才能对图像元数据进行操作处理。图像元数据为处理数据提供了基本知识。遥感图像的常见格式以及相互转换为数据不同类型的需求提供了方便。单波段组合与多波段组合、图像显示、格式转换都是本任务的重要内容。

本次的实习应掌握以下内容。

(1)掌握遥感图像处理软件 ERDAS 的基本视窗操作及各个图标面板的功能。

(2)了解遥感图像的格式,学习将不同格式的遥感图像转换为 ERDAS.img 格式,以及将 ERDAS.img 格式转换为多种指定的图像格式。

(3)学习如何输入单波段数据以及如何将多波段遥感图像进行波段组合。

(4)掌握在 ERDAS 系统中显示单波段和多波段遥感图像的方法。

二、遥感图像的格式

多波段图像具有空间的位置和光谱信息。多波段图像的数据格式根据在二维空间的像元配置中如何存储各种波段的信息而分为以下几类。

(1)BSQ 格式(band sequential)。各波段的二维图像数据按波段顺序排列(((像元号顺序),行号顺序),波段顺序)。

(2)BIL 格式(band interleaved by line)。对每一行中代表一个波段的光谱值进行排列,然后按波段顺序排列该行,最后对各行进行重复((((像元号顺序),波段顺序),行号顺序)。

(3)BIP 格式(band interleaved by pixel)。在一行中,每个像元按光谱波段次序进行排列,然后对该行的全部像元进行这种波段次序排列,最后对各行进行重复((波段顺序,像元号顺序),行号顺序)。

(4)行程编码格式(run-length encoding)。为了压缩数据,采用行程编码形式,属波段连续方式,即对每条扫描线仅存储亮度值以及该亮度值出现的次数,如一条扫描线上有 60 个亮度值为 10 的水体,它在计算机内以 060010 整数格式存储,其涵义为 60 个像元,每个像元的亮度值为 10。计算机仅存储 60 和 10,这要比存储 60 个 10 的存储量少得多。但是对于仅有较少相似值的混杂数据,尽量选择其他合适方法。

(5)HDF 格式。HDF 格式是一种不必转换格式就可以在不同平台间传递的新型数据格式,由美国国家高级计算应用中心(NCSA)研制,已经应用于 MODIS、MISR 等数据中。

HDF 有 6 种主要数据类型:栅格图像数据、调色板(图像色谱)、科学数据集、HDF 注释(信息说明数据)、Vdata(数据表)、Vgroup(相关数据组合)。HDF 采用分层式数据管理结构,通过所提供的"层体目录结构"直接从嵌套的文件中获得各种信息。因此,打开一个HDF 文件,在读取图像数据的同时可以方便地查取到其地理定位、轨道参数、图像属性、图像噪声等各种信息参数。

具体地讲,一个 HDF 文件包括一个头文件和一个或多个数据对象。一个数据对象是由一个数据描述符和一个数据元素组成的:前者包含数据元素的类型、位置、尺度等信息;后者是实际的数据资料。HDF 这种数据组织方式可以实现 HDF 数据的自我描述。HDF 用户可以通过应用界面来处理这些不同的数据集。例如,一套 8 bit 图像数据集一般有三个数据对象:一个描述数据集成员、一个是图像数据本身、一个描述图像的尺寸大小。

在普通的彩色图像显示装置中,图像是分为 R、G、B 三个波段显示的,这种按波段进行的处理最适合 BSQ 方式,而在最大似然比分类法中,对每个像元进行的处理最适合 BIP 方式。BIL 方式具有以上两种方式的中间特征。

在遥感数据中,除图像信息以外,还附带各种注记信息,这是方便数据结构在进行数据分发时对存储方式用注记信息的形式来说明所提供的格式。以往使用多种格式,但从 1982年起逐渐以世界标准格式的形式进行分发。因为这种格式是由 Landsat Technical Working Group 确定的,所以也叫作 LTWG 格式。

除遥感专用的数字图像格式外,为了方便于不同遥感图像处理平台间的数据交换,遥感图像常常会被转换为各处理平台间的图像公共格式,比如常用的 TIFF、JPG 以及 BMP 等格式。

三、数据输入 / 输出

(一)实验原理

ERDAS IMAGINE 的数据输入 / 输出(Import/Export)(输入 / 输出)功能允许输入多种格式的数据供 IMAGINE 使用,同时允许将 IMAGINE 的文件转换成多种数据格式。目前,IMAGINE 可以输入的数据格式达 90 多种,可以输出的格式有 30 多种,包括各类常用的栅格数据和矢量数据格式,具体数据格式都罗列在 Import/Export 对话框中(图 4.18)。

图 4.18　Import/Export 对话框

(二) 实验数据

某市区及附近 TM 遥感影像。

文件路径：chap3/Ex1。

文件名称：L20000100193－1.TIF。

(三) 实验过程

(1) 在 ERDAS 图标面板菜单条上单击"Main｜Import/Export"命令，启动图 4.18 中的数据输入对话框。

(2) 在 Import/Export 对话框中选择参数为输入数据（Import）或者输出数据（Export）。

(3) 在 Type（类型）下拉列表中选择输入数据或输出数据类型。

(4) 在下拉列表中选择输入或输出数据的媒体，Media（介质）中转数据记录载体。

(5) 在 Input File 和 Output File 项中设置输入和输出文件名和路径。

(6) 单击"OK"按钮，执行格式转换，也可以进入下一级参数设置（随数据类型的不同而不同）。

四、波段组合

(一) 实验原理

对单波段的普通二进制数据文件通过转换得到 ERDAS 系统自己的单波段 IMG 文件。同时在实际工作中，要求对遥感图像的处理和分析都是针对多波段图像进行的，所以还需要将若干单波段图像文件组合成一个多波段图像文件。

(二) 实验数据

某市区及附近 TM 遥感影像及各个单波段数据。

文件路径：chap3/Ex1。

文件名称：L20000100193－2.TIF；L20000100193－3.TIF；L20000100193－4.TIF。

(三) 实验过程

1. 单波段数据转换

（1）打开 Import/Export，选择 Generic Binary（通用二进制）为输入数据类型，设置输入以及输出文件和路径。

（2）点击"OK"，弹出如图 4.19 所示的 Import Generic Binary Data（输入通用二进制资料）对话框。

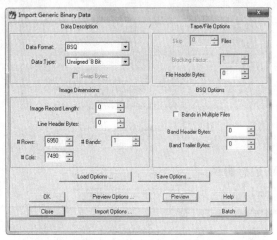

图 4.19　Import Generic Binary Data 对话框

（3）在 Import Generic Binary Data 对话框中，可以根据所附加的头文件中的参数设置相应的数据记录格式、类型以及数据行列数等参数（参考任务二遥感图像文件信息查询验过程）。

（4）点击"Preview"预览图像转换结果。若结果正确，单击"OK"进行数据格式的转换；否则，重新核查对应的参数设置后重新转换。

(四) 多波段数据组合

多波段数据组合的操作步骤如下。

（1）先单击 ERDAS 图标面板工具栏"Interpreter"图标，选择"Utilities ｜ layer Stack"（实用 ｜ 叠层）或在菜单栏选择"Main ｜ Image Interperter ｜ Utilities ｜ Layer Stack"，启动如图 4.20 所示的 Layer Selection and Stacking（选层叠加）对话框。

（2）在 Input File 中选择单波段文件，然后通过单击"Add"按钮添加其他各个需要组合的波段，重复此步骤，直到所有需要组合的波段添加完毕。

（3）在 Output File 项中设定输出多波段文件名称以及路径。

（4）可以参见对应的 Help 文件进行参数设置，根据数据文件的数据类型以及用户需要设置对应的多波段组合其他参数。

（5）单击"OK"按钮（关闭 Layer Selection and Stacking 窗口，执行多波段组合）。多波段数据组合结果如图 4.21 所示。

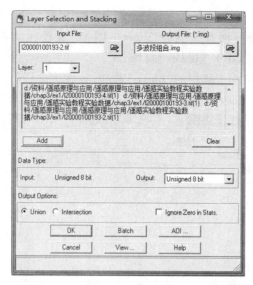

图 4.20 Layer Selection and Stacking 对话框

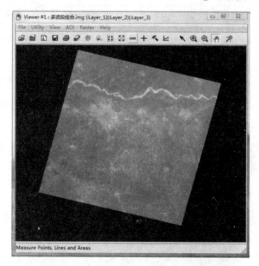

图 4.21 多波段数据组合结果

五、遥感图像显示

(一) 实验原理

Viewer 窗口是显示栅格图像、矢量图形、标记文件、AOI(感兴趣区域) 等数据的主要窗口。每次启动 ERDAS IMAGINE 时,系统都会自动打开一个显示窗口,可打开遥感图像,并且可对打开的遥感图像进行一系列的操作。

(二) 实验数据

某市区及附近 TM 遥感影像。

文件路径:chap3/Ex2。

文件名称:432.img。

（三）实验过程

（1）启动 ERDAS 图标面板工具栏 Viewer 图标，或者在菜单栏选择"Main ｜ Start IMAGINE Viewer"，打开 GLT Viewer 窗口。

（2）单击 Viewer 窗口中工具栏的"Open"按钮，或在菜单栏选择"File ｜ Open ｜ Raster Layer"，启动如图 4.22 所示的 Select Layer To Add 对话框。

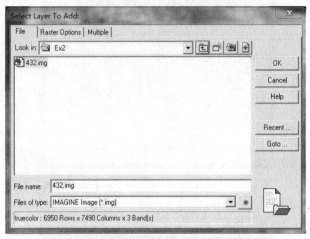

图 4.22　Select Layer To Add 对话框

（3）Select Layer To Add 中有三个选项页面。其中，File 页面能使用户能够打开指定文件；Raster Options 页面提供了全色以及多波段影像打开的显示设置；Multiple 页面是当用户选择了多个图像文件时，能够使所所有图像在同一窗口中显示。

（4）单击"OK"按钮，则在 Viewer 中显示对应的打开图像。如图 4.23 所示为河南省某区域的遥感影像显示效果。

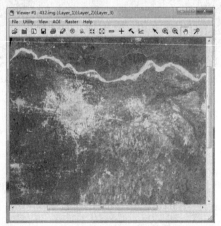

图 4.23　河南省某区域的遥感影像显示效果

（5）在工具栏中的 Spectral 中选择打开影像的多波段遥感图像显示方式，包括灰度显示、假彩色及真彩色显示。

（6）在 GLT Viewer 中单击菜单栏"Utility ｜ Layer Info"或菜单栏对应的"Layer Info"

图标,启动如图 4.24 所示的 ImageInfo 视图。

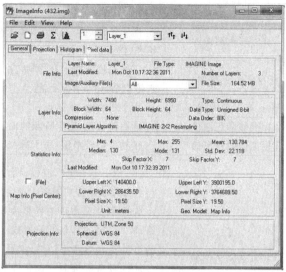

图 4.24 ImageInfo 视图

(7)ImageInfo 可以用来查询与图像相关的图像大小、像元值、图像投影以及图像直方图等信息。同时,用户可以在 ImageInfo 中的 Edit 下拉菜单中进行图层重命名、图层删除、投影信息修改等操作。

OLI波段合成说明见表4.1,TM波段合成说明见表4.2,ILI陆地成像仪和ETM+对照表见表4.3。

表 4.1　OLI 波段合成说明

R、G、B	主要用途
4、3、2 Red、Green、Blue	自然真彩色
7、6、4 SWIR2、SWIR1、Red	城市
5、4、3 NIR、Red、Green	标准假彩色图像,植被
6、5、2 SWIR1、NIR、Blue	农业
7、6、5 SWIR2、SWIR1、NIR	穿透大气层
5、6、2 NIR、SWIR1、Blue	健康植被
5、6、4 NIR、SWIR1、Red	陆地／水
7、5、3 SWIR2、NIR、Green	移除大气影响的自然表面
7、5、4 SWIR2、NIR、Red	短波红外
6、5、4 SWIR1、NIR、Red	植被分析

表 4.2　TM 波段合成说明

R、G、B	类型	特点
3、2、1	真假彩色图像	用于各种地类识别,图像平淡、色调灰暗、彩色不饱和、信息量相对减少
4、3、2	标准假彩色图像	它的地物图像丰富、鲜明、层次好,用于植被分类、水体识别,植被显示红色
7、4、3	模拟真彩色图像	用于居民地,水体识别
7、5、4	非标准假彩色图像	画面偏蓝色,用于特殊的地质构造调查
5、4、1	非标准假彩色图像	植物类型较丰富,用于研究植物分类
4、5、3	非标准假彩色图像	(1)利用了一个红波段、两个红外波段,因此凡是与水有关的地物在图像中都会比较清楚;(2)强调显示水体,特别是水体边界很清晰,易于区分河渠与道路;(3)采用的都是红波段或红外波段,对其他地物的清晰显示不够,但对海岸及其滩涂的调查比较适合;(4)具备标准假彩色图像的某些点,但色彩不会很饱和,图像看上去不够明亮;(5)水浇地与旱地的区分容易,居民地的外围边界虽不十分清晰,但内部的街区结构特征清楚;(6)植物会有较好的显示,但是植物类型的细分会有困难
3、4、5	非标准接近于真色的假彩色图像	对水系、居民点及其市容街道和公园水体、林地的图像判读是比较有利的。

表 4.3　OLI 陆地成像仪和 ETM+ 对照表

OLI 陆地成像仪			ETM+		
序号	波段 /μm	空间分辨率 /m	序号	波段 /μm	空间分辨率 /m
1	0.433 ～ 0.453	30	—	—	—
2	0.450 ～ 0.515	30	1	0.450 ～ 0.515	30
3	0.525 ～ 0.600	30	2	0.525 ～ 0.605	30
4	0.630 ～ 0.680	30	3	0.630 ～ 0.690	30
5	0.845 ～ 0.885	30	4	0.775 ～ 0.900	30
6	1.560 ～ 1.660	30	5	1.550 ～ 1.750	30
7	2.100 ～ 2.300	30	7	2.090 ～ 2.350	30
8	0.500 ～ 0.680	15	8	0.520 ～ 0.900	15
9	1.360 ～ 1.390	30	—	—	—

任务四 遥感图像增强

一、实习内容及要求

遥感图像增强是为了改善图像的质量,提高图像目视效果,突出所需要的信息,为进一步遥感目视判读做预处理工作,是遥感图像处理中的基本内容。

根据处理空间的不同,遥感图像增强技术可以分为两大类:空间域增强和频率域增强。空间域增强是以对图像像元的直接处理为基础的;而频率域增强则通过将空间域图像变换到频率域,并对图像频谱进行分析处理,以实现遥感图像增强。

在实习中,应通过上机操作,了解空间增强、辐射增强几种遥感图像增强处理的过程和方法,加深对图像增强处理的理解。

二、直方图统计及分析

直方图是对图像中灰度级的统计分布状况的描述,反映了图像中每一个灰度级与其出现概率之间的关系。直方图能够客观地反映图像所包含信息,如对比度强弱、是否多峰值等,是多种空间域遥感图像处理的基础。图像特征不同,其直方图分布状态也不同。

(1) 图 4.25(a) 图像偏暗,直方图的组成部分集中在低灰度区。

(2) 图 4.25(b) 图像较亮,直方图的组成部分集中在高灰度区。

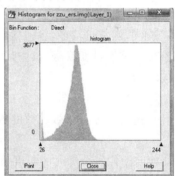

(a)

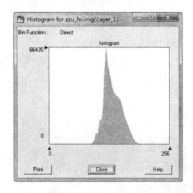

(b)

图 4.25 不同特征的遥感图像及其直方图

三、图像反差调整

反差调整又称为"对比度扩展",主要通过改变图像灰度分布状况增大对比度,有效地突出有用信息,抑制其他干扰因素,改善图像的视觉效果,提高重现图像的逼真度,增强信息提取与识别能力。常用的反差调整方法有线性变换、分段线性变换、非线性变换等。

(一) 实验原理

1.线性变换

线性变换是按比例扩大原始灰度级的范围,以充分利用显示设备的动态范围,使变换后图像的直方图的两端达到饱和,从而达到改善图像视觉效果的目的。

有时为了更好地调节影像的对比度,需要在一些亮度段拉伸,而在另一些亮度段压缩,这种变换称为分段线性变换。分段变换时,不同折线可以拉伸,也可以压缩,且变换函数也不同,折线间断点的位置根据需要决定。

2.密度分割

密度分割是将具有连续色调的单色影像按一定密度范围分割成若干等级,经分级设色显示出一种新彩色影像。进行密度分割时,分级的数量以及每级的密度范围要根据各种地物的波谱特征、空间分布、相互关系以及判读要求来确定。

3.图像灰度反转

图像灰度反转是增强嵌入图像暗区里的细节特征的常用方法之一。它对图像灰度范围进行线性或非线性取反,产生一幅与输入图像灰度相反的图像。

4.其他非线性变换

非线性变换的函数比较多,包括指数变换、对数变换、平方根变换、三角函数变换、标准偏差变换、直方图周期性变换等,其中最常用的是指数变换和对数变换。

(1) 指数变换。

指数变换主要用于增强图像中亮的部分,扩大灰度间隔,进行拉伸;而对于暗的部分,则缩小灰度间隔,进行压缩。指数函数的数学表达式为

$$g = be^{af} + c \qquad\qquad (4.1)$$

式中,f 为变换前图像每个像元的灰度值;g 为变换后图像每个像元的灰度值,其值取整;a、b、c 分别控制变换曲线的变化率、起点、截距等,调整这三个参数可以实现不同的拉伸或压缩比例。

(2) 对数变换。

对数变换与指数变换相反,它常用于拉伸图像中暗的部分,而在亮的部分进行压缩,以突出隐藏在暗区影像中的某些地物目标。对数函数的数学表达式为

$$g = b\lg(af + 1) + c \qquad\qquad (4.2)$$

式中,参数 a、b、c 与指数变化中的相同。

(二) 实验数据

某市北部资源卫星多光谱影像。

文件路径:chap4/Ex1。

文件名称:zhengzhou.img。

（三）实验过程

（1）在 Viewer 窗口中打开实验影像，然后单击 Viewer 菜单条"Raster ｜ Contrast ｜ General Contrast"（光栅 ｜ 对比 ｜ 综合对比），打开反差调整（Contrast Adjust）（调整）对话框，如图 4.26 所示。

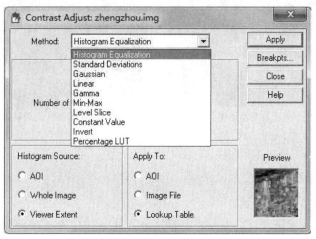

图 4.26 反差调整对话框

（2）在图像调整对话框中，选定进行图像反差调整的方法（Method）。如图 4.26 所示，在 Method（方法）下拉表中提供了直方图均衡（Histogram Equalization）、标准差调整（Standard Deviations）、高斯变换（Gaussian，它是一种对数变换）、线性变换（Linear）、伽马变换（Gamma，它是一种指数变换）、密度分割（Level Slice）、常数值（Constant Value）、灰度反转（Invert）等反差调整方法。

（3）每种方法需要设置的参数各不相同，具体参数意义可参考 help 文件。

（4）设定图像反差调整的直方图来源（Histogram Source）和应用目标（Apply to）。具体设定可参考 help 文件。

（5）单击"Apply"按钮，采用指定的方法对图像进行反差调整，调整后的图像会直接显示在 Viewer 窗口中。图 4.27 分别是采用直方图均衡、密度分割（分割层数为 7）、伽马变换和灰度反转方法得到的反差调整结果。

(a) 直方图均衡反差调整结果　　　　(b) 密度分割反差调整结果

图 4.27 图像反差调整

(c) 伽马变换反差调整结果　　　　　　　　　　(d) 灰度反转反差调整结果

续图 4.27

四、低通／高通滤波

(一)实验原理

低通滤波是在频率域上进行图像平滑的方法。将空间域图像通过傅立叶变换为频率域图像后,由于图像上的噪声主要集中在高频部分,因此为了去除噪声、改善图像质量,必须采用滤波器削弱或抑制高频部分而保留低频部分,这种滤波器称为低通滤波器。常用的低通滤波器有理想低通滤波器、梯形低通滤波器、Butterworth(巴特沃斯)低通滤波器、指数低通滤波器等。

由于图像的边缘、细节主要位于高频部分,而图像的模糊是由于高频成分比较弱而产生的,因此为了突出图像的边缘和轮廓,采用高通滤波器让高频成分通过,阻止削弱低频成分,以达到图像锐化的目的。常用的高通滤波器与低通滤波器相似,主要有理想高通滤波器、梯形高通滤波器、Butterworth 高通滤波器、指数高通滤波器等。

(二)实验数据

某市北部资源卫星多光谱影像。

文件路径:chap4/Ex1。

文件名称:zhengzhou.img。

(三)实验过程

1. 傅立叶变换

(1) 打开傅立叶变换(Fourier Transform)对话框,如图 4.28 所示。

方法一:在 ERDAS 图标面板菜单条中,单击"Main｜Image Interpreter｜Fourier Analysis｜Fourier Transform"(主菜单｜图像解译｜傅立叶分析｜傅立叶变换)命令,打开 Fourier Transform 对话框。

方法二:在 ERDAS 图标面板工具条中,单击"Interpreter 图标｜Fourier Analysis｜Fourier Transform"命令,打开 Fourier Transform 对话框。

(2) 确定输入图像(Input File)为 zhengzhou.img。

(3) 确定输出图像(Output File)的存储位置,命名 zhengzhou.fft。

(4) 选择变换波段(Select Layers)为 1:3(从第 1 波段到第 3 波段)。

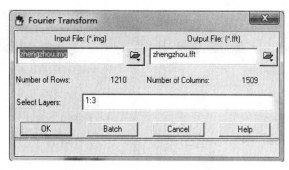

图 4.28　傅立叶变换对话框

（5）单击"OK"，执行图像傅立叶变换。

2.低通／高通滤波变换

（1）打开傅立叶变换编辑器（Fourier Editor）对话框。

方法一：在 ERDAS 图标面板菜单条中，单击"Main ｜ Image Interpreter ｜ Fourier Analysis ｜ Fourier Transform Editor"命令，打开 Fourier Editor 对话框。

方法二：在 ERDAS 图标面板工具条中，单击"Interpreter 图标 ｜ Fourier Analysis ｜ Fourier Transform Editor"命令，打开 Fourier Editor 对话框。

（2）在 Fourier Editor 窗口中，单击菜单条"File｜Open"命令或者工具条上的"Open" 图标，打开 Open FFT Layer 对话框，如图 4.29(a) 所示，打开傅立叶变换文件 zhengzhou.fft，如图 4.29(b) 所示。

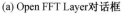

(a) Open FFT Layer对话框　　　　(b)Fourier Editor窗口(打开zhengzhou.fft后)

图 4.29　打开傅立叶变换图像

（3）在 Fourier Editor 窗口中，单击菜单条"Mask ｜ Filters"（掩膜｜过滤器）命令，打开低通／高通滤波（Low/High Pass Filter）对话框，如图 4.30 所示。

（4）在低通／高通滤波对话框中，需设置以下参数。

① 选择滤波类型（Filter Type）为低通滤波（Low Pass）／高通滤波（High Pass）。

② 选择窗口功能（Window Function）（窗函数）为理想滤波器（Ideal）。ERDAS 提供了五种窗口功能，分别是 Ideal、Bartlett(三角函数)、Butterworth（巴特沃斯）、Gaussian(指

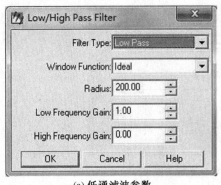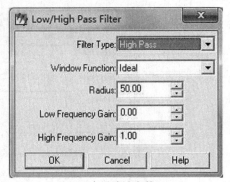

(a) 低通滤波参数　　　　　　　　　　　(b) 高通滤波参数

图 4.30　低通／高通滤波对话框

数)、Hanning(线性)这五种滤波器。

③ 确定圆形滤波半径(Radius)(半径),低通滤波圆形滤波半径为 200,高通滤波圆形滤波半径为 50。一旦确定了圆形滤波半径,则圆形区域以外的低频／高频成分将被滤掉。

④ 定义低频增益(Low Frequency Gain)和高频增益(High Frequency Gain)。低通滤波时确定低频增益为 1.0,高频增益为 0.0;而高通滤波时则确定低频增益为 0.0,高频增益为 1.0。

⑤ 单击"OK"按钮,执行低通／高通滤波处理,此时低通／高通滤波对话框将被关闭。

(5) 保存傅立叶处理图像。

在 Fourier Editor 对话框中,单击菜单条"File ｜ Save As"(另存为)命令,打开 Save Layer As 对话框。确定输出傅立叶图像路径和文件名 zz_lowp.fft/zz_highp.fft,单击"OK"按钮保存(图 4.31)。

3. 执行傅立叶逆变换

(1) 在 Fourier Editor 对话框中,单击菜单条"File ｜ Inverse Transform"(反变换)命令,打开傅立叶逆变换(Inverse Fourier Transform)对话框,如图 4.32 所示。

图 4.31　保存傅立叶处理图像　　　　图 4.32　傅立叶逆变换对话框

（2）确定输出文件路径和文件名 zz_lowp.img/zz_highp.img。

（3）选择输出数据类型（Output）为 Default（默认），勾选输出数据统计时忽略零值（Ignore Zero in Stats）（忽视统计）复选框。

（4）单击"OK"按钮，执行傅立叶逆变换，输出低通／高通滤波处理结果，如图 4.33所示。

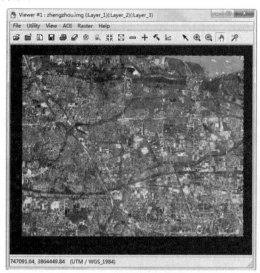

(a) 原始图像

(b) 低通滤波后图像

(c) 高通滤波后图像

图 4.33　低通／高通滤波处理结果

五、卷积增强

（一）实验原理

卷积增强（Convolution）（卷积）将整个像元分块进行平均处理，用于改变图像的空间频率特征。卷积增强(Convolution)处理的关键是卷积算子——系数矩阵的选择,该系数矩阵又称为卷积核(Kernel)(内核)。ERDAS IMAGINE 将常用的卷积算子放在一个名为 default.klb(默认)的文件中,分为 3×3、5×5、7×7 三组,每组又包括 Edge Detect、Low Pass、Horizontal、Vertical、Summary(边缘检测、低通、水平、垂直的、概要)等不同的处理方式。

(二)实验数据

文件路径:chap4/Ex2。

文件名称:mobbay.img。

(三)实验过程

(1) 打开卷积增强(Convolution)对话框,如图 4.34 所示。

方法一:在 ERDAS 图标面板菜单条中,单击"Main | Image Interpreter | Spatial Enhancement | Convolution"命令(主菜单 | 图像解译器 | 空间增强 | 卷积增强),打开 Convolution 对话框。

方法二:在 ERDAS 图标面板工具条中单击"Interpreter 图标 | Spatial Enhancement | Convolution"命令,打开 Convolution 对话框。

(2) 选择输入文件(Input File)为 mobbay.img。

(3) 在选择卷积算子(Kernel Selection)块下,选择卷积算子文件(Kernel Library)为 default.klb,卷积算子类型(Kernel)为 3×3 Edge Detect,边缘处理方法(Handle Edge by)为映射(Reflection),选中 Normalize the Kernel(规范)复选框,进行卷积归一化处理。

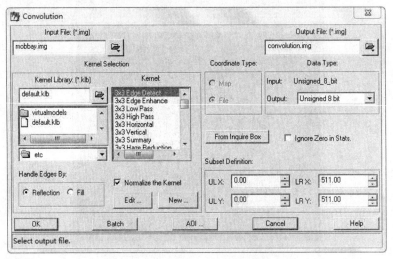

图 4.34 卷积增强对话框

其中,ERDAS 提供了多种卷积算子类型,不仅包括 3×3、5×5、7×7 等不同大小的矩阵,而且预制了用于不同图像处理的系数,比如用于边缘检测(Edge Detect)、边缘增强(Edge Enhance)、低通滤波(Low Pass)、水平增强(Horizontal)、垂直增强(Vertical)、水平边缘检测(Horizontal Edge Detection)、垂直边缘检测(Vertical Edge Detection)和交叉边缘检测(Cross Edge Detection)等。如果系统提供的卷积算子类型不能满足图像处理需要,则可单击"Edit/New"按钮,打开卷积核编辑窗口,如图 4.35 所示则为选择 7×7 Edge Detect 后的卷积核编辑窗口。

(4) 确定输出图像路径和文件名(Output File)为 convolution.img。

(5) 选择输出数据类型(Output Data Type)为 Unsigned 8 bit(无符号),勾选输出数据统计时忽略零值(Ignore Zero in Stats)复选框。

(6) 单击"OK"按钮,执行卷积增强处理,mobbay 原图像如图 4.36(a)所示,结果如图 4.36(b)所示。

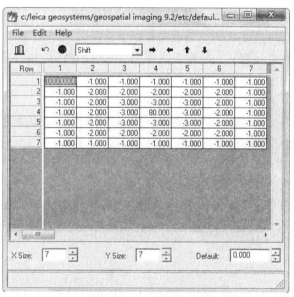

图 4.35　卷积核编辑窗口

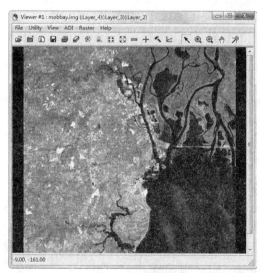

(a) mobbay原图像

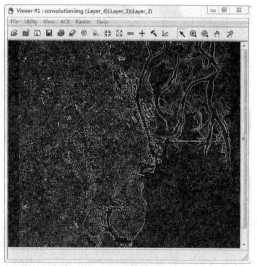

(b) 卷积增强结果

图 4.36　卷积增强处理

六、直方图均衡化

（一）实验原理

直方图均衡化实质上是对图像进行非线性拉伸，重新分配图像像元值，使一定灰度范围内的像元数量大致相同。这样，原来直方图中间的峰顶部分对比度得到增强，而两侧的谷底部分对比度降低，输出图像的直方图是一较平的分段直方图。

1.直方图均衡化步骤

一般对一幅图像进行直方图均衡化分为以下四个步骤。

（1）统计原图像每一灰度级的像元数和累积像元数。

（2）根据变换函数式计算每一灰度级均衡化后对应的新值，并对其四舍五入取整，得到新灰度级。

（3）以新值替代原灰度值，形成均衡化后的新图像。

（4）根据原图像像元统计值对应找到新图像像元统计值，做出新直方图。

2.直方图均衡化的效果

直方图均衡化应达到的效果如下。

（1）各灰度级出现的频率近似相等。

（2）原图像上频率小的灰度级被合并，实现压缩；频率高的灰度级被拉伸，可以使亮度值集中于中部的图像得到改善，增强图像上大面积地物与周围地物的反差。

（二）实验数据

文件路径：chap4/Ex3。

文件名称：lainer.img。

（三）实验过程

（1）打开直方图均衡化（Histogram Equalization）对话框，如图 4.37 所示。

方法一：在 ERDAS 图标面板菜单条中，单击"Main｜Image Interpreter｜Radiometric Enhancement ｜ Histogram Equalization"（主菜单｜ 图像解译器｜ 辐射增强｜直方图均衡化）命令，打开 Histogram Equalization 对话框。

方法二：在 ERDAS 图标面板工具条中，单击"Interpreter 图标｜Radiometric Enhancement｜Histogram Equalization"命令，打开 Histogram Equalization 对话框。

（2）选择输入文件（Input File）为 lainer.img。

（3）确定输出图像路径和文件名（Output File）为 equalization.img。

（4）选择文件坐标类型（Coordinate Type）（坐标）为 Map，处理范围（Subset Definition）默认为整个图像范围（也可根据需要在 UL X、UL Y、LR X、LR Y 微调框中输入相应数值）。

（5）选择输出数据分段（Number of Bins）为 256（根据需要可以输入 $0 \sim 255$ 的任意整数），勾选输出数据统计时忽略零值（Ignore Zero in Stats）复选框。

（6）单击"View"按钮打开模型生成器窗口，浏览 Equalization 空间模型（此步可跳过）。

（7）单击"OK"按钮，执行直方图均衡化处理，结果如图 4.38 所示。

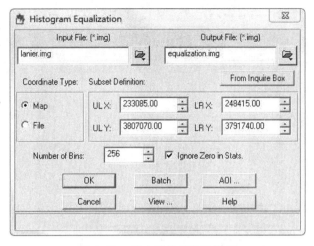

图 4.37 直方图均衡化对话框

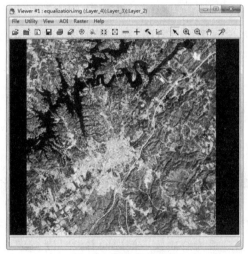

（a）直方图均衡化结果

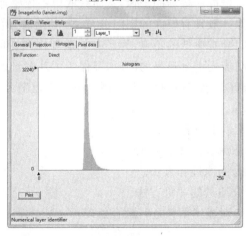

（b）原图直方图

图 4.38 直方图均衡化

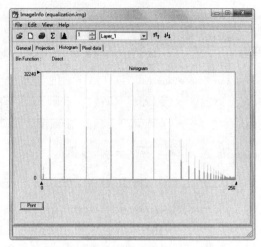

(c) 均衡处理后图像直方图

续图 4.38

均衡化后的直方图对比原图像直方图,灰度范围有了较大扩展,而且分布也比原图像更加均衡,层次感明显增强。

任务五　　遥感图像融合

一、实习内容及要求

随着遥感对地观测技术的发展,多平台、多传感器、多时相、多光谱和多分辨率的遥感数据急剧增加,在同一地区形成了多源的影像金字塔。如何将这些多源遥感数据的有用信息聚合起来以克服单一传感器获取的图像信息量不足的缺陷成为遥感领域的一个重要研究课题,遥感图像融合技术的出现成为解决这一问题的有效手段,它采用一定的算法对同一地区的多源遥感图像进行处理,生成一幅新的图像,从而获取单一传感器图像所不能提供的某些特征信息。例如,全色图像一般具有较高的空间分辨率,但光谱分辨率较低,而多光谱图像则具有光谱信息丰富、空间分辨率低的特点,为了有效地利用两者的信息,可以对它们进行融合处理,在提高多光谱图像光谱分辨率的同时,又保留了其多光谱特性。

常用的遥感图像融合算法很多,包括 IHS 融合、小波变化融合、PCA 变化融合、乘积变换融合、Brovey 变换融合等。

在本次实习中,应掌握以下内容。

(1) 了解多源遥感图像融合的概念和意义。

(2) 掌握遥感图像融合的原理和方法。

(3) 了解遥感图像融合质量的评价方法。

(4) 熟练运用 ERDAS 对遥感图像进行融合处理。

二、IHS 融合

(一) 实验原理

IHS 融合是基于 IHS 变换的遥感图像融合,它是应用最广泛的图像融合方法之一。IHS 变换将图像由常用的 RGB 彩色空间变换至 IHS 空间,从而可以将图像的亮度、色调和饱和度分离开来。

由于 IHS 融合具有只能用三个波段的多光谱图像与全色图像进行融合的缺陷,且当多光谱图像的 1 分量与全色图像之间存在较大差异时,会导致融合图像光谱失真严重,因此在大量研究的基础上,提出了一种改进的 IHS 图像融合方法,它采用一定的算法对全色图像进行亮度纠正,并以纠正后的全色图像替代多光谱图像的 1 分量,执行 IHS 逆变换,能够有效地减少图像的光谱失真。

(二) 实验数据

某市高新区资源卫星影像(10 m)与中巴资源卫星的高分辨率影像(2.5 m)。

文件路径:chap5/Ex1。

文件名称:zzu_ers.img(图 4.39(a));zzu_hr.img(图 4.39(b))。

(a) 某市高新区资源卫星影像　　　　　　(b) 中巴资源卫星的高分辨率影像

图 4.39　实验数据

(三) 实验过程

(1) 打开改进的 IHS 融合(Modified IHS Resolution Merge)对话框,如图 4.40 所示。

方法一:在 ERDAS 图标面板菜单条中,单击"Main | Image Interpretr | Spatial Enhancement | Mod. IHS Resolutin Merge"命令。

方法二:在 ERDAS 图标面板工具条中,单击"Interpreter 图标 | Image Interpretr | Spatial Enhancement | Mod. IHS Resolutin Merge"命令。

(2) 在 Inputs 选项卡中设置如图 4.40 所示的参数。

① 选择输入的高分辨率图像(High Resolution Input File)zzu_hr.img 以及用于融合的波段(Select Layer)。

② 设置输入高分辨率图像的相关参数(Hi-Res Spectral Settings),包括成像传感器、波

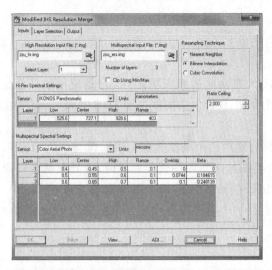

图 4.40　Modified IHS Resolution Merge 对话框

段范围等。

③ 选择输入的多光谱图像(Multispectral Input File)zzu_ers. img。

④ 选择多光谱图像重采样方法(Resampling Technique),包括最近邻像元法(Nearest Neighbor)、双线性内插法(Bilinear Interpolation)和三次卷积法(Cubic Convolution)。

⑤ 设置是否按照最大或者最小灰度值标准对重采样后的图像进行裁剪(Clip Using Min/Max)。

⑥ 设置输入多光谱图像的相关参数(Hi-Res spectral Settings),包括成像传感器、波段范围等。

⑦ 设置图像亮度纠正率阈值(Ratio Ceiling)。

(3) 切换到如图 4.41 所示的 Layer Selection 选项卡,设置如下参数。

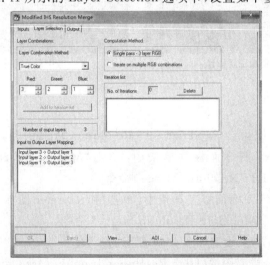

图 4.41　Layer Selection 选项卡

① 设置波段组合方法(Layer Combinations),即选定多光谱图像中的某些波段参与

IHS变换。

② 选择计算方法(Computation Method)以及相关参数设置。若选中 Single pass — 3 layer RGB 复选框,则只能利用多光谱图像中的某三个波段与高分辨率图像进行融合;若选中 Iterate on multiple RGB combinations 复选框,则可以参照输入与输出波段映射(Input to Ouput Mapping)列表中显示的图像输入与输出波段之间的对应关系,将多光谱图像的多个波段(大于3个)都纳入图像融合过程。

(4) 切换到 Output 选项卡,如图 4.42 所示,设置如下参数。

图 4.42 Output 选项卡

① 设置输出图像路径及名称(Output File)IHS_merge.img。

② 数据类型(Data Type)设定。

③ 设置图像处理选项(Processing Options),包括是否在计算输出图像统计信息时忽略零值(Ignore Zeros in Output Statistics)以及在图像配准过程中忽略零值(Ignore Zeros in Raster Match)。

(5) 单击"OK"按钮,执行基于改进的 IHS 变换的图像融合,IHS 融合结果如图 4.43 所示。

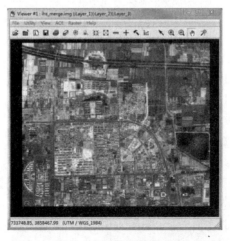

图 4.43 IHS 融合结果

三、小波变换融合

(一) 实验原理

小波变换作为一种新的数学工具,是一种介于时间域(空间域)和频率域之间的函数表示方法。小波变换可以将图像分解成一系列具有不同空间分辨率和频率特征的子空间,从而使原始图像的特征得以充分体现。

基于小波变换的图像融合的基本思想是:首先对待融合图像分别进行二维小波分解;然后在小波变换域内通过比较各图像分解后的信息,运用不同的融合规则,在不同尺度上实现图像融合,提取出重要的小波系数;最后通过小波逆变换,将提取出的小波系数进行重构,得到融合之后的图像。

(二) 实验数据

某市高新区资源卫星影像与中巴资源卫星的高分辨率影像。

文件路径:chap5/Ex1。

文件名称:zzu_ers.img(图 4.39(a));zzu_hr.img(图 4.39(b))。

(三) 实验过程

(1) 打开小波变换融合(Wavelet Resolution Merge)对话框,如图 4.44 所示。

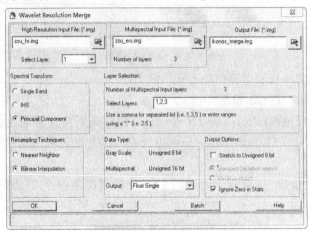

图 4.44　小波变换融合对话框

方法一:在 ERDAS 图标面板菜单条中,单击"Main ｜ Image Interprete ｜ Spatial Enhancement ｜ Wavelet Resolution Merge"命令。

方法二:在 ERDAS 图标面板工具条中,单击"Interpreter 图标 ｜ Image Interprete ｜ Spatial Enhancement ｜ Wavelet Resolution Merge"命令。

(2) 输入高分辨率图像(High Resolution Input File)zzu_hr.img 以及用于融合的波段(Select Layer)。

(3) 输入多光谱图像(Multispectral Input File)zzu_ers.img。

(4) 定义输出图像路径和名称(Output File)ikonos_merge.img。

(5) 多光谱图像的光谱变换方法(Spectral Transform)选择以及相应参数的设定。将输入多光谱图像转换为一幅单波段灰度图像,用于小波变换融合。

①Single Band。选择输入多光谱图像中的某一波段图像作为该灰度图像。

②IHS。通过 IHS 变换，将图像转换到 IHS 空间，采用 I 分量作为该灰度图像。

③Principal Component。对多光谱图像进行主成分变换，采用第一主成分作为该灰度图像。

（6）选择多光谱图像重采样方法（Resampling Techniques）。主要包括 Nearest Neighbor（最邻近法）和 Bilinear Interpolation（双线性插值）。

①Nearest Neighbor。最邻近法直接将与某像元位置最邻近的像元值作为该像元的新值。该方法的优点是方法简单、处理速度快，且不会改变原始栅格值，但该种方法最大会产生半个像元大小的位移。

②Bilinear Interpolation。双线性内插法取采样点到周围四邻域像元的距离加权计算栅格值。先在 Y 方向（或 X 方向）进行内插，再在 X 方向（或 Y 方向）内插一次，得到该像元的栅格值。使用该方法的重采样结果会比最邻近法的结果更光滑，但会改变原来的栅格值，丢失一些微小的特征。

（7）输出选项（Output Options）以及数据类型（Data type）设置。

（8）单击"OK"按钮，执行图像小波变换融合，结果如图 4.45 所示。

图 4.45　小波变换融合结果

四、其他变换融合

（一）实验原理

1. 主成分变换融合（Principal Component）

主成分变换融合是建立在图像统计特征基础上的多维线性变换，具有方差信息浓缩、数据量压缩的作用，可以更准确地提示多波段数据结构内部的遥感信息，常常是通过高分辨率数据替代多波段数据变换以后的第一主成分来达到融合的目的。具体过程是首先对输入的多波段遥感数据进行主成分变换，然后以高空间分辨遥感数据替代变换以后的第一主成分，最后再进行主成分逆变换，生成具有高空间分辨率的多波段融合图像。

2.乘积变换融合(Multiplicative)

乘积变换融合应用最基本的乘积组合算法直接对两种空间分辨率的遥感数据进行合成,即 Bi_new＝Bi_m×B_h,其中 Bi_new 代表融合以后的波段数值($i=1,2,3,\cdots,n$),Bi_m 表示多波段图像中的任意一个波段数值,B_h 代表高分辨率遥感数据。乘积变换是由 Crippen 的四种分析技术演变而来的,Crippen 研究表明:将一定亮度的图像进行变换处理时,只有乘法变换可以使其色彩保持不变。

3.比值变换融合(Brovey Transform)

比值变换融合是将输入遥感数据的三个波段按照下列公式进行计算,获得融合以后各波段的数据,即

$$Bi\_new = [Bi\_m/(Br\_m + Bg\_m + Bb\_m)] \times B\_h \qquad (4.3)$$

式中,Bi_new 代表融合以后的波段数值;Br_m,Bg_m,Bb_m 分别代表多波段图像中的红绿蓝波段数值;Bi_m 表示红、绿、蓝三波段中的任意一个;B_h 代表高分辨率遥感数据。

(二) 实验数据

某市高新区资源二号卫星影像与中巴资源卫星的高分辨率影像。

文件路径:chap5/Ex1。

文件名称:zzu_ers.img(图 4.39(a));zzu_hr.img(图 4.39(b))。

(三) 实验过程

(1) 打开分辨率融合(Resolution Merge) 对话框,如图 4.46 所示。

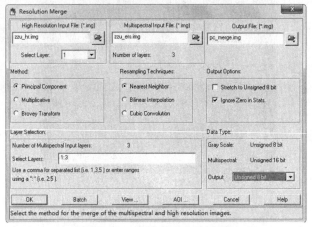

图 4.46　分辨率融合对话框

方法一:在 ERDAS 图标面板菜单条中,单击"Main │ Image Interpreter │ Spatial Enhancement │ Resolution Merge"命令。

方法二:在 ERDAS 图标面板工具条中,单击"Interpreter 图标 │ Image Interpreter │ Spatial Enhancement │ Resolution Merge"命令。

(2) 选择输入的高分辨率图像(High Resolution Input File)zzu_hr.img 以及用于融合的波段(Select Layer)。

(3) 选择输入的多光谱图像(Multispectral Input File)zzu_ers.img。

(4) 选择图像融合方法(Method)。ERDAS提供了三种融合方法,包括主成分变换融合

(Principal Component)、乘积变换融合(Multiplicative) 和比值变换融合(Brovey Transform)。

（5）先后分别选取三种融合方法中的一种,并定义对应输出图像路径和名称(Output File)PC_merge. img、MP_merge. img、BT_merge. img。

（6）选择多光谱图像重采样方法(Resampling Techniques),主要包括最邻近法、双线性插值以及 Cubic Convolution(三次卷积法)。

Cubic Convolution 是一种精度较高的方法,通过增加参与计算的邻近像元的数目达到最佳的重采样结果。使用采样点到周围 16 邻域像元距离加权计算栅格值,方法与双线性内插相似,先在 Y 方向(或 X 方向)内插四次,再在 X 方向(或 Y 方向)内插四次,最终得到该像元的栅格值。该方法会加强栅格的细节表现,但是算法复杂、计算量大,同样会改变原来的栅格值,且有可能会超出输入栅格的值域范围。

（7）选择参与融合的波段(Layer Selection)。

（8）设置输出选项(Output Options) 以及数据类型(Data Tpye)。

（9）单击"OK",执行图像融合(图 4.47)。

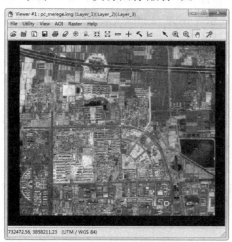
(a) 主成分变换融合结果

(b) 乘积融合变换结果

(c) 比值变换结果

图 4.47　融合结果

对比图 4.47(a)、(b)、(c) 可以看出,主成分变换结果更清晰、图像更亮、对比度更高;而乘积变换的结果则最差。这不仅与原始数据本身的数据质量有关,还与融合后图像数据类型有关:主成分变换和比值变换结果数据类型均为 unsigned 8 bit;而乘积变换结果数据类型则为 unsigned 16 bit。

五、遥感图像融合效果评价

(一) 评价综述

对于一幅遥感融合图像,一般从图像的可检测性、可分辨性和可量测性三方面来评价其效果。图像的可检测性表示图像对某一波谱段的敏感能力;可分辨性表示图像能为目视分辨两个微小地物提供足够反差的能力;可量测性表示图像能正确恢复原始影像形状的能力。对于遥感融合图像的评价方法一般分为两大类,即定性评价和定量评价。

(二) 定性评价

定性评价即目视评估法,由判读人员来直接对图像的质量进行评估,具有简单、直观的优点,对明显的图像信息可以进行快捷、方便的评价。但是人的视觉对图像上的各种变化并不都很敏感,图像的视觉质量很大程度上取决于观察者,人眼对融合图像的感觉很大程度上决定了遥感图像的质量,导致这种方法主观性较强,具有较大的不全面性。因此,在实际评价中需要与客观的定量评价标准相结合来对遥感融合图像进行综合评价。

(三) 定量评价

定量评价能够有效地弥补定性评价方法主观性和不全面性较大的缺点。根据评定方法需要条件的不同,定量评定方法主要分为以下几类。

设经过严格配准的源图像为 A 和 B,其图像函数分别为 $A(x,y)$ 和 $B(x,y)$;由 A 和 B 融合后图像为 F,图像函数为 $F(x,y)$;标准参考图像为 R,其图像函数为 $R(x,y)$;所有图像的行数和列数分别为 M 和 N,则图像的大小为 $M \times N$;L 为图像总的灰度级。

1. 根据单个图像统计特征的评价方法

(1) 信息熵。

信息熵是衡量图像信息丰富程度的一个重要指标,熵值的大小表示图像所包含的平均信息量的多少,一幅图像的信息熵表达式为

$$E = \sum_{i=0}^{L-1} P_i \log_2 P_i \tag{4.4}$$

式中,P_i 表示图像像元灰度值为 i 的概率。

融合图像的熵越大,表示融合图像的信息量越丰富,融合质量越好。

(2) 图像均值。

图像均值是像素的灰度平均值,对人眼反映为平均亮度,其表达式为

$$\bar{f} = \frac{1}{M \times N} \sum_{i=1}^{M} \sum_{j=1}^{N} F(x_i, y_i) \tag{4.5}$$

(3) 平均梯度。

平均梯度可用来评价图像的清晰程度,能反映出图像中微小细节反差和纹理变换特征,其表达式为

$$\bar{G} = \frac{1}{(M-1)\times(N-1)} \sum_{i=1}^{M} \sum_{j=1}^{N} \sqrt{\frac{\left(\frac{\partial F(x_i, y_j)}{\partial x_i}\right)^2 + \left(\frac{\partial F(x_i, y_j)}{\partial y_j}\right)^2}{2}} \tag{4.6}$$

一般来说,$\bar{G}$越大,图像层次越多,表示图像越清晰。

（4）标准差 σ。

标准差反映了图像灰度相对于灰度平均值的离散情况,可用来评价图像反差的大小,其表达式为

$$\sigma = \sqrt{\frac{\sum_{i=1}^{M} \sum_{j=1}^{N} (F(x_i, y_j) - \bar{f})^2}{M \times N}} \tag{4.7}$$

如果标准差大,则图像灰度级分布较分散,图像的反差大,可以看出更多的信息;如果标准差小,则图像反差小,对比度不大,色调单一均匀,看不出太多的信息。

（5）空间频率 SF。

空间频率反映了一幅图像空间的总体活跃程度,它包括空间行频率 RF 和空间列频率 CF,其表达式为

$$RF = \sqrt{\frac{1}{M \times N} \sum_{i=1}^{M} \sum_{j=2}^{N} (F(x_i, y_j) - F(x_i, y_{j-1}))^2} \tag{4.8}$$

$$CF = \sqrt{\frac{1}{M \times N} \sum_{i=2}^{M} \sum_{j=1}^{N} \left[F(x_i, y_j) - F(x_{i-1}, y_j) \right)^2} \tag{4.9}$$

$$SF = \sqrt{RF^2 + CF^2} \tag{4.10}$$

这种方法计算比较简单,只需比较源图像与融合图像的统计特征值就可以看出融合前后的变化。

2. 根据融合图像与标准参考图像关系的评价方法

（1）均方根误差。

均方根误差用来评价融合图像与标准参考图像之间的差异程度,如果差异小,则表明融合的效果较好,其表达式为

$$RMSF = \sqrt{\frac{1}{M \times N} \sum_{i=1}^{M} \sum_{j=1}^{N} (F(x_i, y_j) - R(x_i, y_j))^2} \tag{4.11}$$

（2）信噪比和峰值信噪比。

一般以信息量是否提高、噪声是否得到抑制、均匀区域噪声的抑制是否得到加强、边缘信息是否得到保留、图像均值是否提高等来评价图像融合后的去噪效果。

融合图像信噪比的表达式为

$$SNR = 10 \times \lg \frac{\sum_{i=1}^{M} \sum_{j=1}^{N} F(x_i, y_j)^2}{\sum_{i=1}^{M} \sum_{j=1}^{N} (F(x_i, y_j) - R(x_i, y_j))^2} \tag{4.12}$$

融合图像峰值信噪比的表达式为

$$\mathrm{PNSR} = 10 \times \lg \frac{M \times N \times \left[\max(F(x,y)) - \min(F(x,y)) \right]}{\sum\limits_{i=1}^{M} \sum\limits_{j=1}^{N} (F(x_i,y_j) - R(x_i,y_j))^2} \qquad (4.13)$$

这种方法主要是通过比较融合图像和标准参考图像之间的关系来评价融合图像的质量以及融合效果的好坏。但是在实际应用中，它却因使用标准参考图像而受到一定的限制。

3. 根据融合图像与源图像关系的评价方法

(1) 交叉熵。

交叉熵是评价两幅图像差别的重要指标，它直接反映了两幅图像对应像素的差异，可以用来测定两幅图像灰度分布的信息差异，其表达式为

$$C = \sum_{i=0}^{L-1} P_i \log_2 \frac{p_i}{q_i} \qquad (4.14)$$

式中，p_i 表示源图像像元灰度值为 i 的概率；q_i 表示融合图像像元灰度值为 i 的概率。

交叉熵值越小，则该融合方法从源图像提取的信息量越多。假设 C_{FA} 和 C_{FB} 分别代表源图像 A、B 与融合图像 F 的交叉熵，则在实际应用中选择二者的平均值来描述融合结果与源图像的综合差异，综合交叉熵表示为

$$\bar{C}_{FAB} = \frac{C_{FA} + C_{FB}}{2} \qquad (4.15)$$

(2) 交互信息量。

交互信息量可以作为两个变量之间相关性的度量或一个变量包含另一个变量的信息量的度量，用来衡量融合图像与源图像的交互信息，从而评价融合的效果。F 与 A、B 的交互信息量分别表示为

$$\mathrm{MI}_{FA} = \sum_{k=0}^{L-1} \sum_{i=0}^{L-1} P_{FA}(k,i) \log_2 \frac{P_{FA}(k,i)}{P_F(k)P_A(i)} \qquad (4.16)$$

$$\mathrm{MI}_{FB} = \sum_{k=0}^{L-1} \sum_{j=0}^{L-1} P_{FB}(k,j) \log_2 \frac{P_{FB}(k,j)}{P_F(k)P_B(j)} \qquad (4.17)$$

式中，P_A、P_B 和 P_F 分别是 A、B 和 F 的概率密度（即图像的灰度直方图）；$P_{FA}(k,i)$ 和 $P_{FB}(k,j)$ 分别代表两组图像的联合概率密度。则融合图像 F 包含源图像 A 和 B 的交互信息量总和可表示为

$$\mathrm{MI}_F^{AB} = \mathrm{MI}_{FA} + \mathrm{MI}_{FB} \qquad (4.18)$$

交互信息量是反映融合效果的一种客观指标，它的值越大，表示融合图像从源图像中获取的信息越丰富，融合效果越好。

另一种计算融合图像 F 与源图像 A、B 间交互信息量可表示为

$$\mathrm{MI}_{FAB} = \sum_{k=0}^{L-1} \sum_{i=0}^{L-1} \sum_{j=0}^{L-1} P_{FAB}(k,i,j) \log_2 \frac{P_{FAB}(k,i,j)}{P_{AB}(i,j)P_F(k)} \qquad (4.19)$$

式中，$P_{FAB}(k,i,j)$ 是图像 F、A、B 的归一化联合灰度直方图；$P_{AB}(i,j)$ 是源图像 A、B 的归一化联合灰度直方图。

(3) 联合熵。

联合熵可以作为两幅图像之间相关性的量度，反映两幅图像之间的联合信息，则两幅图像 F 和 A 的联合熵可表示为

$$\mathrm{UE}_{FA} = -\sum_{k=0}^{L-1}\sum_{i=0}^{L-1} P_{FA}(k,i)\log_2 P_{FA}(k,i) \tag{4.20}$$

式中，$P_{FA}(k,i)$ 代表两组图像的联合概率密度。一般来说，融合图像和源图像的联合熵越大，图像包含的信息越丰富。

同理，还可将三幅图像（F、A、B）或以上的联合熵表示为

$$\mathrm{UE}_{FAB} = -\sum_{k=0}^{L-1}\sum_{i=0}^{L-1}\sum_{j=0}^{L-1} P_{FAB}(k,i,j)\log_2 P_{FAB}(k,i,j) \tag{4.21}$$

式中，$P_{FAB}(k,i,j)$ 是图像 F、A、B 的联合概率密度。

（4）偏差。

偏差又称为图像光谱扭曲值，指融合图像像素灰度平均值与源图像像素灰度平均值的差。偏差反映了融合图像和源图像在光谱信息上的差异大小和光谱特性变化的平均程度，其表达式为

$$D = \frac{1}{M\times N}\sum_{i=1}^{M}\sum_{j=1}^{N}\left| F(x_i,y_j) - A(x_i,y_j)\right| \tag{4.22}$$

偏差值越小，表明差异越小，理想的情况下，$D=0$。

（5）相对偏差。

相对偏差又称为偏差度，指融合图像各个像素灰度值与源图像相应像素灰度值差的绝对值同源图像相应像素灰度之比的平均值，其表达式为

$$D_r = \frac{1}{M\times N}\sum_{i=1}^{M}\sum_{j=1}^{N}\frac{\left| F(x_i,y_j) - A(x_i,y_j)\right|}{A(x_i,y_j)} \tag{4.23}$$

相对偏差值的大小表示融合图像和源图像平均灰度值的相对差异，反映了融合图像与源图像在光谱信息上的匹配程度和将源高空间分辨率图像的细节传递给融合图像的能力。

（6）相关系数。

融合图像与源图像的相关系数能反映两幅图像光谱特征的相似程度，其表达式为

$$\rho = \frac{\sum_{i=1}^{M}\sum_{j=1}^{N}\left[(F(x_i,y_j)-\bar{f})(A(x_i,y_j)-\bar{a})\right]}{\sqrt{\sum_{i=1}^{M}\sum_{j=1}^{N}\left[(F(x_i,y_j)-\bar{f})^2(A(x_i,y_j)-\bar{a})^2\right]}} \tag{4.24}$$

式中，$\bar{f}$ 和 $\bar{a}$ 分别为融合图像和源图像的均值。通过比较融合前后的图像相关系数，可以看出图像光谱信息的改变程度。

（四）小结

不同的评价方法有不同的特点和使用范围，在具体使用中，对图像融合效果应在主观目视评价的基础上选取相应的客观评价方法来进行定量评价。将主观评价方法与客观评价方法结合起来进行综合评价才能得到一个科学合理的图像融合效果评价。

任务六　　遥感影像预处理

一、实习内容及要求

影像的预处理是遥感应用的第一步,也是非常重要的一步,目前的技术也非常成熟,预处理的流程和重点在不同的应用领域也有差异。一般情况下,遥感数据预处理主要涉及影像的几何校正(地理定位、几何精校正、影像配准、正射校正等)、影像镶嵌、影像裁剪等内容,这些工作是对遥感影像进行后期处理和应用的前提。

本次的学习要求掌握以下内容。

(1)了解遥感影像几何畸变的原因并掌握几何校正的原理和方法。

(2)掌握遥感影像镶嵌的方法。

(3)能够根据不同要求完成遥感影像不同形式的裁剪。

二、遥感影像的几何校正

(一)实验原理

几何校正的基本原理是回避成像的空间几何过程,直接利用地面控制点数据对遥感影像的几何畸变本身进行数学模拟,并且认为遥感影像的总体畸变可以看作是挤压、扭曲、缩放、偏移以及更高次的基本变形综合作用的结果。因此,校正前后图像相应点的坐标关系可以用一个适当的数学模型来表示。

几何校正的实现过程是利用地面控制点数据确定一个模拟几何畸变的数学模型,以此建立原始影像空间与标准空间的某种对应关系,然后利用这种对应关系把畸变影像空间中的全部像素变换到标准空间中,从而实现遥感影像的几何校正。

(二)实验数据

某市地区的中巴资源卫星影像。

文件路径:cbap6/Ex1。

待纠影像:daijiu.img。

参考影像:Reference.img。

(三)实验过程

1.几何校正准备阶段

(1)启动 ERDAS IMAGE,单击 Viewer 模块,打开两个 Viewr 窗口,使两窗口平铺于桌面上,并分别打开有空间参考的控制影像和无空间参考信息的待纠影像(图4.48)。

(2)分别在两个 Viewer 窗口中点击"Utility｜Layer Info",在 Projection Info 中查看原始影像和参考影像的空间参考信息(图4.49)。

(3)在待纠影像的 Viewer 菜单条中,选择"Raster｜Geometric correction",调出 Geometric Correction 模块。在打开的 Set Geometric Model 对话框中,选择几何校正的模型 Polynomial,点击"OK"(图4.50)。程序自动打开 Geo Correction Tools 对话框(图4.51)和 Polynomial Model Properties 对话框(图4.52)。在 Polynomial Model Properties 对话框

中设置"Polynomial Order"（多项式次数）为 2，点击"Close"关闭窗口，程序自动弹出 GCP Tool Reference Setup 对话框（图 4.53）。

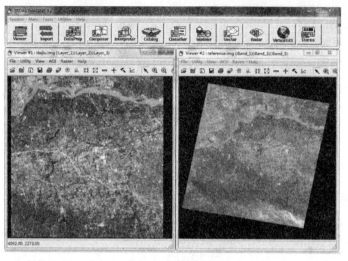

图 4.48　影像加载

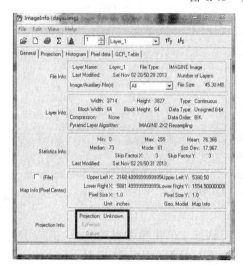
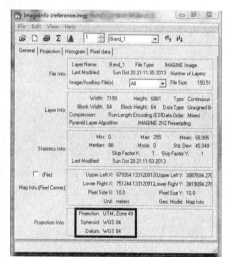

图 4.49　查看空间参考信息

图 4.50　选择几何校正模块

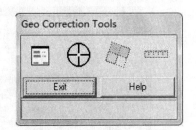

图 4.51　Geo Correction Tools 对话框

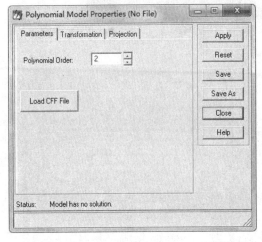

图 4.52　Polynomial Model Properties 对话框

图 4.53　GCP Tool Reference Setup 对话框

　　(4) 在打开的 GCP Tool Reference Setup 对话框中确定参考点的来源,在 ERDAS 给出的 9 种采点模式中选择 Existing Viewer,即从现有影像窗口中选择控制点(图 4.53)。点击"OK"自动弹出 Viewer Selection Instructions 对话框,提示选择参考影像所在窗口(图 4.54)。利用鼠标点击参考影像所在的 Viewer 窗口,出现 Reference Map Information 对话框,查看参考影像投影信息(图 4.55),确认无误后点击"OK",进入控制点采集界面(图 4.56)。

　　2.采集地面控制点

　　(1) 在整个几何校正的过程中,控制点的选取是一项烦琐但又十分重要的工作,在具体操作之前需要注意以下几个方面。

　　① 控制点要以不易变化的地理标志物为主,如道路交叉口、山体裸岩、大型地标性建筑物等容易判别且位置固定的地方,最好不要选取水体、农田、村庄等容易变化的地理标志。例如,河流交汇处虽然特征明显,但由于枯水期和丰水期的位置差别较大,因此尽量不要选择。

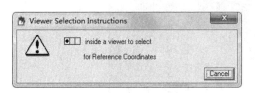

图 4.54　Viewer Selection Instructions 对话框

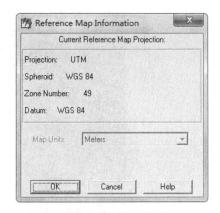

图 4.55　参考影像投影信息

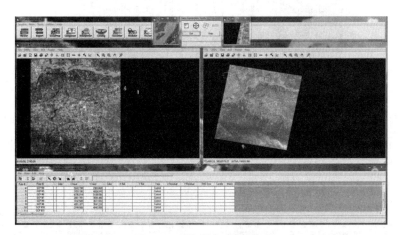

图 4.56　控制点采集界面

②在选取控制点的过程中要注意随时保存已经选取的控制点,以免在计算机或者软件出现意外情况时已经做好的大量工作不能及时保存。所有的待纠影像上的控制点即输入GCP都可以直接保存在影像文件(Save Input)或控制点文件(Save Input As)中,以便以后调用。

具体的操作方法:在控制点采集界面最下方的 GCP Tool 对话框中,点击"File｜Save Input"或"Save Input As"。

参考影像的 GCP(控制点)也可以类似地保存在参考影像文件(Save Reference)中或GCP 文件(Save Reference As)中,也可用于以后的加载调用,操作方法与保存输入 GCP一致。

③地面控制点的选取要注意均匀分布,且一开始四个控制点最好分布在一幅影像的四角(图 4.57)。

(2)控制点选取的具体过程如下。

①先整体观察,找到待纠影像在参考影像中的相对位置,再同时将两幅影像的视图放大到同一区域,寻找明显地物特征点,确定控制点位置后,在 GCP 工具对话框中点击GreatGCP 图标 ⊕ ,在待纠影像的控制点位置单击创建一个输入 GCP。

图 4.57　控制点分布

② 在参考影像视窗中相对应的位置点击左键创建一个参考 GCP。点击选择 GCP 图标

，可以选择已有的 GCP 对其位置进行调整，使 GCP 的位置更为精确。GCP 数据表将自动记录输入的控制点坐标信息。

通过以上两步便可确定两个影像的第一组控制点（图 4.58）。

（a）待纠影的局部　　　　　　　（b）相对应的参考影像的局部

图 4.58　第一组控制点的选取

图 4.58(a)是待纠影像的局部，图 4.58(b)是相对应的参考影像的局部。GCP♯1 表示第一组控制点，该组控制点位于两条道路的交叉口，白色直线状地物即为道路，左上角黑色弯曲线状地物为河渠，其余部分的块状地物为农田。

③ 不断重复上述步骤，采集足够数量的 GCP，直到满足所选用的几何校正模型要求为

止。需要注意的是,在采集控制点的过程中,系统会自动计算转换模型,输出每个 GCP 的残差,并显示在 GCP Tool 对话框中。因此,在采集过程中可以根据残差对 GCP 的位置做相应的微调,以逐步优化校正模型,直到采集够满足需要数量的控制点并均匀分布于影像中(图 4.57)才能进行后续几何校正的操作。

3. 采集地面检查点(可选步骤)

以上所采集的 GCP 是用于建立转换模型及解算多项式方程的控制点,而同时也需要采集地面检查点用于检验所建立的转换方程的精度和实用性。如果采集的控制点整体误差较小,则此步骤可省略。

采集地面检查点的具体过程如下。

(1) 在 GCP Tool 菜单条中选择将 GCP 类型改为检查点 Edit | Set Point Type | check,并确定 GCP 匹配参数 Edit | Point matching,打开 GCP Matching 对话框进行参数设置。

(2) 采集地面检查点,其操作步骤与采集控制点的过程相同。

(3) 检查点采集完成后,在 GCP Tool 工具条中点击 Compute Error 图标 ☑,计算检查点误差。检查点的误差会显示在 GCP Tool 的上方,在所有检查点的误差小于一个像元时才能往后进行。

4. 影像重采样

由控制点确定了多项式变换的系数,就可以通过几何变换和重采样输出纠正影像。具体过程如下。

(1) 首先在 Geo Correction Tools (图 4.51) 对话框中点击 Model Properties 图标 ▤,打开 Polynomial Model Properties 对话框(图 4.52),检查参数设置,确认无误后点击"Close"关闭。

(2) 同样在 Geo Correction Tools 对话框中选择 Image Resample 图标 ▦,打开 Resample 对话框(图 4.59),并定义重采样参数。在 Out put File 框中设置输出影像的路径及名称,在 Resample Method 复选框中选择重采样的方法。在 Output Cell Sizes 下可以设置输出像元的大小。

(3) 参数设置好后单击"OK"启动重采样进程,并关闭 Resample 对话框。运算完成后点击"OK"完成影像的几何校正。

5. 质量检查

为了直观地检验几何校正的结果,需要对重采样得到的影像与参考影像进行叠加显示。具体方法如下。

(1) 在同一个 Viewer 窗口先后打开参考影像和重采样影像。需要注意的是,在加载重采样生成的影像时需要先在 Raster Options 选项中将 Clear Display 前面的勾选框去掉(图 4.60),否则加载新影像时原有影像会被清除。

(2) 在 Viewer 窗口上方点击 Utility 菜单下的 Swipe,调出 Viewer Swipe 对话窗口(图 4.61(a)),放大图像并拉动滑动按钮检查上下两层图像的配准情况(图 4.61(b))。

(3) 在进行质量检查时可以根据线状地物以及明显的点状地物标志来判断校正后的影像与参考影像误差的大小。例如,对于同一条东西向的道路,可以判断其在校正影像和参考

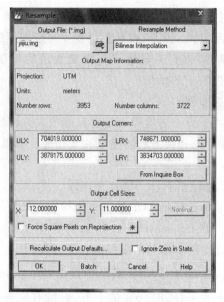

图 4.59　Resample 对话框

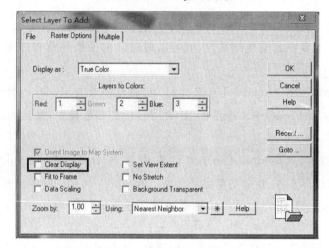

图 4.60　同时加载参考影像和重采样影像

影像中是否上下错开,同样可以判断南北向的道路是否东西错开;对于明显的地标性建筑,可以对比两幅图看其是否产生偏移,等等。如果误差大小符合相关工作或研究的需要,则几何校正完成;如果不满足要求,则需要对控制点进行调整或者重新采集控制点,再进行影像的重采样,直到几何校正结果满足要求。

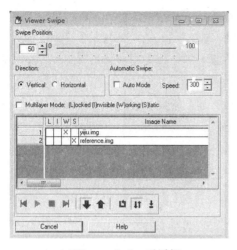

（a）Viewer Swipe 对话框　　　　　　　　　　　　（b）影像检查

图 4.61　质量检查

三、遥感影像的镶嵌

（一）实验原理

单景的遥感影像覆盖范围是有限的,对于高空间分辨率的影像更是如此。在实际应用中往往需要多景影像才能覆盖整个研究区。将若干相邻的不同影像文件无缝地拼接成一幅完整的覆盖整个研究区的影像就是遥感影像的镶嵌。通过镶嵌可以获得覆盖范围更大的影像,而且用于镶嵌的影像可以是多源、不同时相和不同空间分辨率的,但是要求用于镶嵌的影像之间在空间上要有一定的重叠度,而且必须具有相同的波段数。

（二）实验数据

某市地区两景相邻的校正后的中巴资源 2 号卫星影像。

文件路径:chap6/Ex2。

待镶嵌影像:map_01.img;map_02.img;map_03.img。

（三）实验过程

（1）启动影像镶嵌工具。 在 ERDAS 图标面板工具条中依次点击"DataPrep 图标

| Mosaic Images",打开 Mosaic Tool 视窗。

（2）加载影像。 在 Mosaic Tool 视窗菜单条中,点击 Edit | Add images,打开 Add Images for Mosaic 对话框,依次加载需要镶嵌的影像,或者直接单击 ⊕ 图标加载影像(图 4.62)。

（3）在 Mosaic Tool 视窗工具条中,点击 Set Input Mode 图标□,进入设置图像模式的状态,利用系统所提供的编辑工具进行图像叠置组合调整。ERDAS 影像镶嵌调整图层叠置顺序的主要工具及其功能见表 4.4。

根据实际需要,若需要调整某个或某几个图层的次序,可以直接点击某个图层,也可在 Mosaic Tool 视窗下方的图层信息列表中选择。 被选中后的图层会显示为黄色,再根据

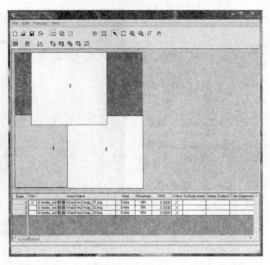

图 4.62　Mosaic Tool 对话框

表 4.4 中各个图表的功能对其叠置次序进行调整。

（4）点击"Edit | Set Overlap Function"，打开 Set Overlap Function 对话框，进行图层重叠部分处理的设置（图 4.63）。ERDAS 提供了五种不同的叠置处理方式，分别是Overlay（覆盖）、Average（叠置部分取两幅影像的均值）、Minimum（叠置部分取两幅影像的最小值）、Maximum（叠置部分取两幅影像的最大值）、Feather（对叠置部分进行羽化处理）。选择 Overlay 选项，即对于影像的重叠部分，用上层的影像覆盖下层影像。

表 4.4　ERDAS 影像镶嵌调整图层叠置顺序的主要工具及其功能

图标	功能
	将目前选中的图层置于顶层
	将目前选中的图层置于底层
	将目前选中的图层向上移动一层
	将目前选中的图层向下移动一层
	将目前选中的图层多个图层交换上下顺序

（5）点击"Process | Run Mosaic"，在弹出的 Output File Name 对话框中进行输出路径的设置并命名。单击"OK"等待运行结束，完成影像镶嵌（图 4.64）。

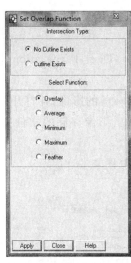

图 4.63　Set Overlap Function 对话框　　　　图 4.64　　影像镶嵌结果

四、遥感影像的裁剪

(一) 实验原理

在实际工作或研究中,一般需要根据工作的范围或研究区域对遥感影像进行分幅裁剪(Subset Image)。按照 ERDAS 实现影像分幅裁剪的过程,可以将影像分幅裁剪分为两类,即规则裁剪和不规则裁剪。其中,规则裁剪指的是裁剪的边界范围是一个规则的矩形,只需要确定裁剪范围左上角和右下角两点的 X、Y 坐标就可以得到影像裁剪的区域位置,裁剪过程比较简单;不规则裁剪是指裁剪区域的边界范围是任意的多边形,无法通过左上角和右下角的坐标来确定裁剪位置,而必须事先绘制一个完整的闭合多边形区域,可以是一个 AOI 多边形,也可以是其他 ERDAS 支持的矢量格式的多边形区域(本书提供的数据为 ArcInfo 的 shapefile 矢量格式,针对不同情况采用不同的裁剪过程)。

(二) 实验数据

(1) 某市的资源卫星影像。

文件路径:chap6/Ex1。

文件名称:Reference.img。

(2) 某市某县行政边区域矢量数据。

文件路径:chap6/Ex3。

文件名称:xingyang.shp。

(三) 实验过程

1. 规则裁剪

方法一:输入坐标值裁剪。

(1) 在 ERDAS 图标面板工具条中,点击"DataPrep | Data Preparation | Subset Image..."(图 4.65),打开 Subset 对话框(图 4.66)。

点击 Input File:(∗.img)框右侧的浏览按钮,找到需要裁剪的影像,并打开。

点击 Output File:(∗.img)框右侧的浏览按钮,找到输出影像存储的文件夹,并将输出影像命名为"规则裁剪.img"。

(2) 在 Subset 对话框中对需要裁剪的范围参数进行设置(图 4.66)。

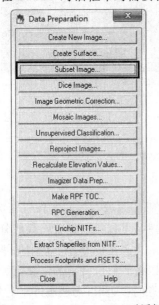

图 4.65　Data Preparation 对话框

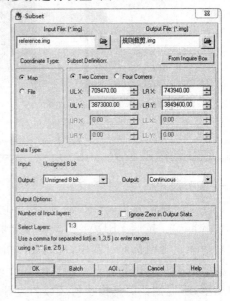

图 4.66　Subset 对话框

在 Subset Definition 复选框下可以选择 Two Corners(只输入待裁剪区域左上角和右下角坐标) 确定裁剪范围,也可选择 Four Corners(需输入待裁剪区域四个角的坐标) 确定裁剪范围。

在进行裁剪范围的坐标输入之前,需要在 Viewer 窗口中打开待裁剪的影像以确定裁剪范围四个角的具体 X、Y 坐标(图 4.67)。具体操作:将光标移至影像的任一位置,可以在 Viewer 窗口最下方的信息框中查看光标当前所在位置的 X、Y 坐标值。

(3) 点击"OK"运行,得到规则裁剪的结果(图 4.68)。

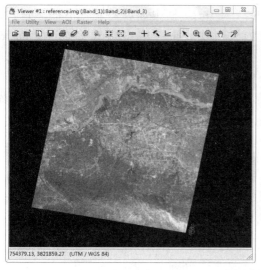
图 4.67 待裁剪影像

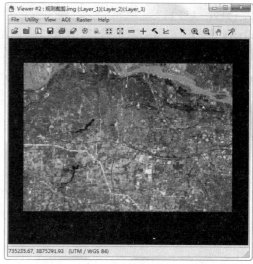
图 4.68 规则裁剪的结果

方法二:绘制规则 AOI 区域裁剪。

AOI(Area of Interest) 指感兴趣区,等同于 ENVI 中的 ROI(Region of Interest),可以通过遥感软件提供的工具进行绘制,是一种矢量数据类型,在遥感影像的裁剪、监督分类等功能中十分常用。

(1)打开一个 Viewer 窗口,添加需要进行裁剪的影像,点击 Viewer 窗口中 AOI 菜单栏下的 Tool... 命令,打开 AOI 工具箱,单击工具箱中 □ 图标(图 4.69),在图像上确定裁剪范围,可以由左上角到右下角画一个矩形(图 4.70)。完成后,可以点击图框边缘进行修正。

图 4.69 AOI 工具箱

图 4.70 绘制 AOI 区域

注意:一定要使切割范围图层处于选中状态。

(2)点击 DataPrep 图标 ,打开 Data Preparation 模块,点击"Subset Image..."

命令，打开裁剪模块（图4.71）。在 Input File：（＊.img）框中加载需要裁剪的影像，在 Output File：（＊.img）框中选择影像存储的文件夹，并将输出影像命名为"aoi裁剪.img"。

（3）点击对话框下方的"AOI"按钮，打开 Choose AOI 对话框，并选择"Viewer"选项（图4.72）。点击"OK"，关闭 Choose AOI 对话框。在 Subset 对话框中点击"OK"完成裁剪，裁剪结果如图4.73所示。

图4.71　Subset 对话框

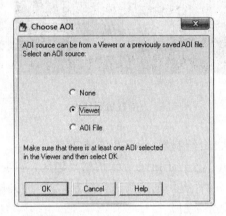

图4.72　Choose AOI 对话框

图4.73　裁剪结果

2.不规则裁剪

方法一:绘制不规则 AOI 区域裁剪。

用AOI方法进行不规则裁剪与上述AOI规则裁剪的方法基本相同,只是在选定裁剪区域时要用 ☑ 工具划定不规则 AOI 边界(图 4.74)。

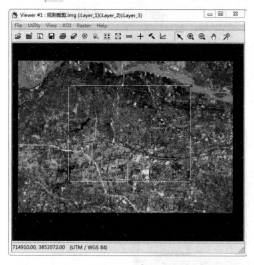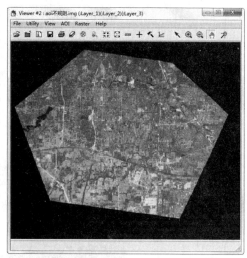

图 4.74　AOI不规则裁剪结果

方法二:矢量多边形裁剪。

(1)打开一个 Viewer 窗口,将需要裁剪的影像和荥阳市边界矢量数据同时加入。

注意:矢量数据和所要裁剪的影像必须有相同的坐标系(本书提供的实验数据为 UTM/WGS 84 坐标系)。

(2)在 Viewer 窗口中点击"Vector | Viewing Properties",保证 Polygon 被选中,然后点击"Close"按钮即可(图 4.75)。

(3)用光标选中 Viewer 窗口中的矢量文件(选中后会变成黄色),然后点击图像窗口"AOI | Copy selection to AOI",这样便建立了一个 AOI 文件(图 4.76)。再点击"File | save | AOI layer As",将该 AOI 文件保存。

(4)在 Dataprep | Subset Image 下设置好输入输出文件的路径和名称,并点击下方的"AOI"按钮打开 Choose AOI 对话框,选择"AOI File"选项(图 4.77),并添加由上一步生成的 AOI 文件。点击"OK"后进行裁剪即可,矢量裁剪结果如图 4.78 所示。

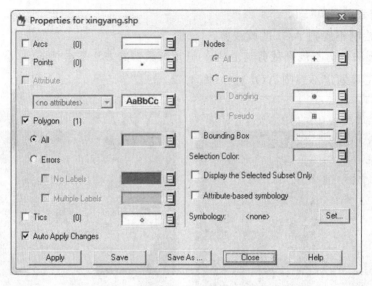

图 4.75　Viewing Properties 对话框

图 4.76　建立 AOI

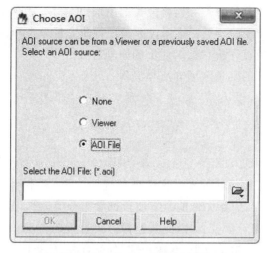

图 4.77　Choose AOI 对话框

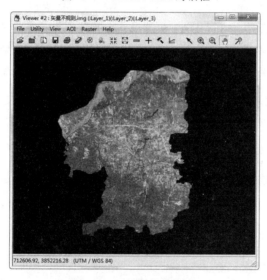

图 4.78　矢量裁剪结果

任务七　遥感影像分类

一、实习内容及要求

遥感影像分类是遥感数字图像解译的重要内容,在遥感技术应用领域中占有重要地位。影像分类就是基于影像像元的数据文件值,将像元归并成有限的几种类型、等级或数据集的过程。常规的遥感影像分类方法主要有两种:非监督分类与监督分类法。

本次主要介绍遥感影像的非监督分类法、监督分类法以及监督分类结果评价方法,并介绍几种常用的分类后处理方法。

本任务的学习要求掌握以下内容。

（1）理解遥感图像非监督分类和监督分类的原理。

（2）能够熟练运用 ERDAS 对遥感影像数据进行非监督分类和监督分类。

（3）掌握监督分类模板评价和结果评价的原理与方法。

（4）掌握分类后处理的几种常用方法与流程。

二、非监督分类

（一）实验原理

非监督分类运用 ISODATA(Iterative Self-Organizing Data Analysis Techniques Algorithm) 算法，完全按照像元的光谱特性进行统计分类，常常用于对分类区没有什么了解的情况。使用该方法时，原始图像的所有波段都参与分类运算，分类结果往往是各类像元数大体等比例。由于人为干预较少，因此非监督分类过程的自动化程度较高。非监督分类一般要经过以下几个步骤：初始分类、专题判别、分类合并、色彩确定、分类后处理、色彩重定义、栅格矢量转换、统计分析。

ERDAS IMAGINE 使用 ISODATA 算法（基于最小光谱距离公式）来进行非监督分类。聚类过程始于任意聚类平均值或一个已有分类模板的平均值：聚类每重复一次，聚类的平均值就更新一次，新聚类的均值再用于下次聚类循环。ISODATA 实用程序不断重复，直到最大的循环次数达到设定阈值或者两次聚类结果相比有达到要求百分比的像元类别已经不再发生变化。

（二）实验数据

裁剪后的某市资源卫星影像。

文件路径：chap7/Ex1。

文件名称：For Classify. img。

（三）实验过程

1. 初步分类

（1）调出非监督分类对话框。

调出非监督分类对话框的方法有以下两种。

方法一：在 ERDAS 图标面板工具条中，点击"Data Prep | Unsupervised Classification | Unsupervised Classification"，打开非监督分类对话框（图 4.79）。

方法二：在 ERDAS 图标面板工具条中点击"Classifier | Unsupervised Classification | Unsupervised Classification"，打开非监督分类对话框（图 4.80）。两种方法调出的 Unsupervised Classification 对话框是有区别的。

（2）进行非监督分类。

在 Unsupervised classification 对话框中进行以下设置（图 4.81）。

① 确定输入文件（Input Raster File）。待分类影像.img（要被分类的图像）。

② 确定输出文件（Output File）。非监督分类.img（即将产生的分类图像）。

③ 选择生成分类模板文件。Output Signature Set（将产生一个模板文件）。

④ 确定分类模板文件（Filename）。非监督分类.sig。

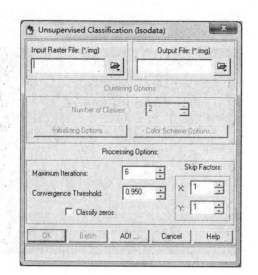
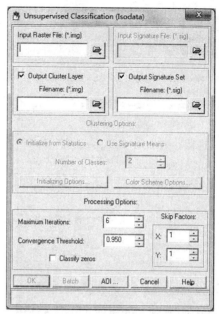

图 4.79　非监督分类对话框一　　　　　图 4.80　非监督分类对话框二

⑤ 对 Clustering Options 选择 Initialize from Statistics 单选框。Initialize from Statistics 指由图像文件整体(或其AOI区域)的统计值产生自由聚类,分出类别的多少由自己决定。Use Signature Means 是基于选定的模板文件进行非监督分类,类别的数目由模板文件决定。

⑥ 确定初始分类数(Number of Classes)为18,即分出18个类别。实际工作中一般将分类数取为最终分类数的2倍以上。

提示:点击"Initializing Options"按钮可以调出 File Statistics Options 对话框以设置 ISODATA 的一些统计参数。点击"Color Scheme Options"按钮可以调出 Output Color Scheme Options 对话框以决定输出的分类图像是彩色的还是黑白的。这两个设置项使用缺省值。

⑦ 定义最大循环次数(Maximum Iterations)为24。

最大循环次数(Maximum Iterations)是指 ISODATA 重新聚类的最多次数,这是为了避免程序运行时间太长或由于没有达到聚类标准而导致的死循环。一般在应用中将循环次数都取6次以上。

⑧ 设置循环收敛阈值(Convergence Threshold)为0.950。

收敛阈值(Convergence Threshold)是指两次分类结果相比保持不变的像元所占最大百分比,此值的设立可以避免 ISODATA 无限循环下去。

⑨ 点击"OK",关闭 Unsupervised Classification 对话框,执行非监督分类,获得一个初步的分类结果(图4.82)。

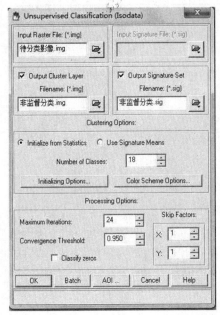

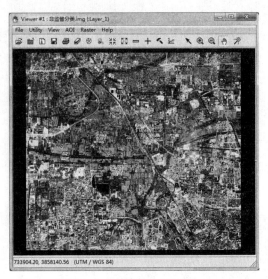

图 4.81　监督分类参数设置　　　　图 4.82　初步分类结果

2.分类评价

非监督分类的初始分类结果并没有定义各类别的专题意义及分类色彩,需要对其进行分类调整来初步评价分类精度,确定类别专题意义和定义分类色彩,以便获得进一步分类方案。

(1)打开初步分类结果影像,查看属性。打开属性窗口的方法:在窗口工具条中单击图标(或者单击 Raster | Tools 命令),打开 Raster 工具面板。单击 Raster 工具面板的 圖 图标(或者在窗口菜单条中单击 Raster | Attributes 命令),打开 Raster Attribute Editor 窗口(分类图像属性窗口)。属性表中的记录分别对应产生的 18 类目标,每个记录都有一系列的字段(图 4.83),拖动浏览条可以看到所有字段。

(2)单击图标 或者 Edit | Column Properties,打开 Column Properties 对话框(图 4.84),在对话框中对各字段的显示顺序、宽度及单位等属性进行合理调整。

在 Columns 列表框中选择要调整显示顺序的字段,通过 Up、Down、Top、Bottom 等几个按钮调整到合适的位置,通过设置 Display Width 选项调整其显示宽度,通过 Alignment 选项调整对齐方式。如果选中 Editable 复选框,则可以在 Title 文本框中修改各个字段的名字及其他内容。

在 Column Properties 对话框中,调整字段顺序为 Histogram、Opacity、Color、Class_Names,单击"OK"按钮,关闭 Column Properties 对话框,返回 Raster Attribute Editor 窗口。

(3)给各个类别赋相应的颜色。在 Raster Attribute Editor 对话框中点击一个类别的 Row 字段从而选择该类别,点击该类别的 Color 字段(颜色显示区),自动弹出 As Is 菜单并选择一种颜色。重复以上步骤直到给所有类别赋予合适的颜色，得到非监督分类的结果(图 4.85)。

Row	Histogram	Color	Red	Green	Blue	Opacity	
0	2217		0	0	0	0	Unclassified
1	60365		0.05	0.05	0.05	1	Class 1
2	37074		0.11	0.11	0.11	1	Class 2
3	61346		0.16	0.16	0.16	1	Class 3
4	73620		0.22	0.22	0.22	1	Class 4
5	69062		0.27	0.27	0.27	1	Class 5
6	94592		0.33	0.33	0.33	1	Class 6
7	78366		0.39	0.39	0.39	1	Class 7
8	85061		0.44	0.44	0.44	1	Class 8
9	42435		0.5	0.5	0.5	1	Class 9
10	88590		0.55	0.55	0.55	1	Class 10
11	79973		0.61	0.61	0.61	1	Class 11
12	56332		0.67	0.67	0.67	1	Class 12
13	82149		0.72	0.72	0.72	1	Class 13
14	68204		0.78	0.78	0.78	1	Class 14
15	74769		0.83	0.83	0.83	1	Class 15
16	68354		0.89	0.89	0.89	1	Class 16
17	77097		0.94	0.94	0.94	1	Class 17
18	26179		1	1	1	1	Class 18

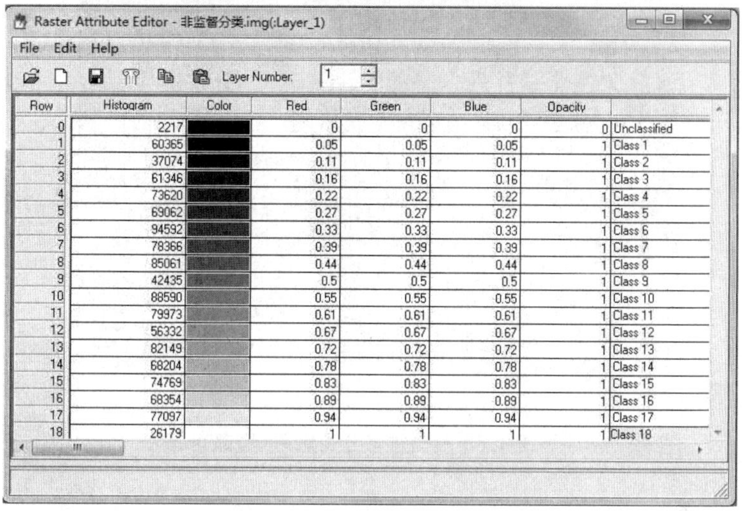

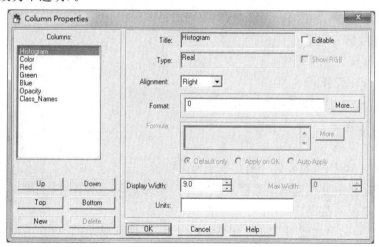

图 4.83　分类图像属性窗口

提示：在设置某一类别颜色时为了判别其所属的专题类别，往往需要与分类前的影像进行对比来判断，因此可以将分类结果和待分类影像进行叠加显示。由于分类图像覆盖在原图像上面，因此为了对单个类别的判别精度进行分析，首先需要在分类图像属性窗口中将其他所有类别的不透明度(Opacity 字段)值设为 0(即改为透明)，而将需要分析的类别的透明度设为 1(即改为不透明)。

图 4.84　属性列编辑对话框

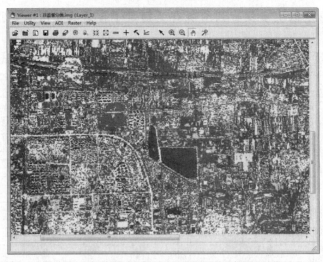

图 4.85 非监督分类结果（局部）

三、监督分类

（一）实验原理

监督分类法又称为训练场地法，是以建立统计识别函数为理论基础，依据典型样本训练方法进行分类的技术。监督分类首先需要从研究区域选取有代表性的训练场地作为样本，根据已知训练区提供的样本，通过选择特征参数（如像素亮度均值、方差等）、建立判别函数对样本像元进行分类，列举样本类别的特征来识别样本像元的归属类别。常用的监督分类方法有最大似然法、最小距离分类法、马氏距离法等。

（二）实验数据

某市东北部资源卫星影像。

文件路径：chap7/Ex2。

文件名称：zy02c_2012.img。

（三）实验过程

1.定义分类模板

ERDAS IMAGINE 的监督分类是基于分类模板来进行的，而分类模板的生成、管理、评价和编辑等功能是由分类模板编辑器来负责的。毫无疑问，分类模板生成器是进行监督分类时一个不可缺少的组件。

首先在 Viewer 中加载需要进行分类的图像，以便进行后续的 AOI 选取工作。打开模板编辑器并调整显示字段。具体步骤如下：在 ERDAS 图标面板工具中点击 Classifier 图标 ，在弹出的 Classifcation 菜单框中单击"Signature Editor"菜单项，弹出 Signature Editor 对话框（图 4.86）。

从图 4.86 中可以看到有很多字段，其中有些字段对分类的意义不大，因此不需要显示这些字段，可以按如下方法进行调整：在 Signature Edit 对话框的菜单条下依次点击

View|Columns,弹出 View Signature Columns 对话框。

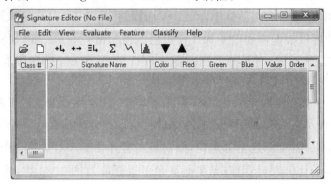

图 4.86　Signature Editor 对话框

　　点击最上一个字段的 Colunmn 字段,向下拖拉直到最后一个字段,此时所有字段都被选中,系统会自动用黄色(缺省色)标识出来。按住 Shift 键的同时分别点击"Red、Green、Blue"三个字段(图 4.87),然后点击"Apply | Close",则 Red、Green、Blue 三个字段将从选择集中被清除。此时从 View Signature Columns 对话框中可以看到 Red、Green、Blue 三个字段将不再显示。以此方法可以清除 View Signature Columns 对话框中任一不需要的字段。

图 4.87　View Signature Columns 对话框

　　通过绘制 AOI 区域来定义分类模板。可以分别应用 AOI 绘图工具、AOI 扩展工具、查询光标等三种方法在原始图像或特征空间图像中获取分类模板信息。但在实际工作中也许只用一种方法就可以了,也可以将几种方法联合应用。

　　方法一:利用 AOI 绘图工具在原始影像上获取分类模板信息。

　　(1) 在影像显示的 Viewer 窗口中单击"Raster | Tools",或者直接点击 图标,打开 Raster 工具面板。

　　(2) 在 Raster 工具面板中点击 AOI 绘制工具,即图标 ,进行 AOI 绘制。

（3）在视窗中选择一种单一地物类别的区域（如水体），绘制一个多边形 AOI。

（4）在 Signature Editor 对话框中，点击 ＋↳ 图标，将多边形 AOI 区域加载到 Signature 分类模板中。同时可以根据需要改变加入模板的 Signature Name 和 Color。

（5）重复上述操作过程，对每种类别的地物进行 AOI 绘制，并将其作为新的模板加入 Signature Editor 中，同时确定各类的名字及颜色。

（6）如果对同一个专题类型（如水体）采集了多个 AOI 并分别生成了模板，则可以将这些模板合并，以便该分类模板具有多区域的综合特性。具体做法是在 Signature Editor 对话框中将该类的 Signature 全部选全部选定，然后点击合并图标 ∃↳，这时一个综合的新模板生成，原来的多个 Signature 同时存在（如果必要也可以删除）（图 4.88 中，将水库和坑塘合并为水库坑塘）。

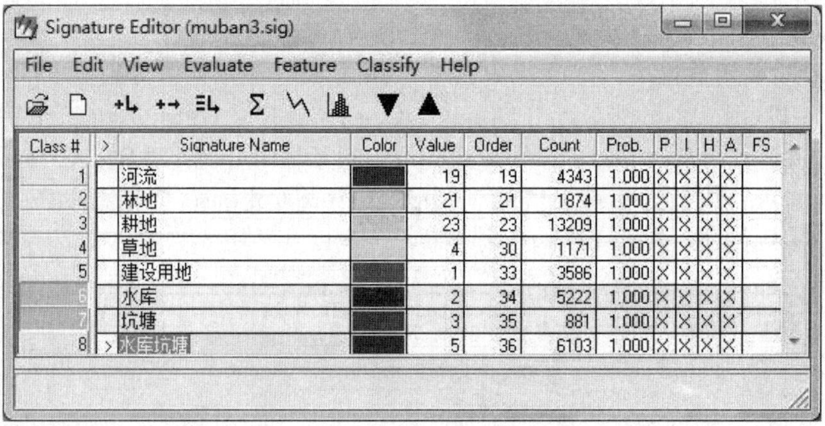

图 4.88　Signature Editor 对话框

保存分类模板。以上分别用不同方法产生了分类模板，需要将生成的模板保存起来。在 Signature Editor 对话框菜单条中点击 File｜Save，打开 Save Signature File As 对话框，首先确定是保存所有模板还是只保存被选中的模板，确定文件的目录和名字（.sjg 文件），然后点击"OK"（图 4.89）。

方法二：利用 AOI 扩展工具在原始影像上获取分类模板信息。

相对于方法一的 AOI 绘图工具来说，这一方法中的 AOI 区域并非手工勾画出来的，而是通过一种附加了距离约束的种子点区域生长法生成最后的 AOI 区域，自动化程度更高，提取的模板也更精确。扩展生成 AOI 的起点是一个种子像元，与该像元相邻的像元被按照各种约束条件来考察，如空间距离、光谱距离等。如果相邻像元被接受，则与原种子一起成为新的种子像元组，并重新计算新的种子像元平均值（也可以设置为一直沿用原始种子的值），以后的相邻像元将以新的平均值来计算光谱距离。但空间距离一直是用最早的种子像元来计算的。

应用 AOI 扩展工具在原始影像中获取分类模板信息，首先必须设置种子像元特性，过程如下。

（1）在显示有待分类影像的视窗工具条中，点击"AOI｜Seed Properties"，打开 Region Growing Properties 对话框（图 4.90）。

图 4.89　保存分类模板

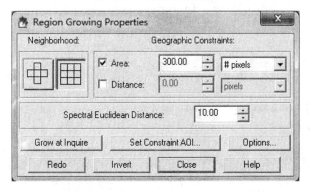

图 4.90　Region Growing Properties 对话框

（2）区域生长参数设置对话框中提供了四邻域和八邻域相邻像元生长方式。 在 Neighborhood 下，⊞表示种子像元的上、下、左、右四个像元与种子像元是相邻的；而⊞表示其周围 8 个像元都与种子像元相邻。这里选择⊞。

（3）在 Geographic Constrains（面积以及距离约束）和 Spectral Euclidean Distance（光谱欧氏距离约束）中进行区域生长约束的参数设置，具体的参数值需要根据所分类的影像进行调整。

（4）点击"Options"按钮，打开 Region Grow Options 面板，选择 Include Island Polygons 和 Update Region Mean 两个选项。下面逐一介绍 Region Grow Options 面板上的三个复选框的作用。

①　在种子扩展的过程中可能会有些不符合条件的像元被符合条件的像元包围，选择 Include Island Polygons 使这些不符合条件像元以岛的形式被删除，如果不选择则全部作为 AOI 的一部分。

②Update Region Mean 是指每一次扩展后是否重新计算种子的平均值，如果选择该复

选框则重新计算,如果不选择则一直以原始种子的值为平均值。

③Buffer Region Boundary 复选框是指对 AOI 产生缓冲区,该设置在选择 AOI 编辑 DEM 数据时比较有用,可以避免高程的突然变化。

(5)在完成区域生长参数设置之后,下面将使用种子扩展工具产生一个 AOI。

在待分类影像视窗工具条中单击图标$\mathbb{Q}$,打开 Raster 工具面板,点击图标$\nwarrow$进入扩展 AOI 生成状态。在目标区域单击鼠标,系统会根据设置的参数进行区域生长,最后生成 AOI 区域。如果生成的 AOI 不符合需要,可以修改 Region Growing Properties 中的参数,直到满意为止。需要注意的是,在 Region Growing Properties 对话框中修改设置之后,直接点击"Redo"按钮就可以重新对已经生成的 AOI 区域生成新的 AOI 区域。

(6)在生成合适的 AOI 区域后,接下来的处理与方法一类似。

方法三:利用查询光标扩展方法获取分类模板信息。

这一方法与方法二类似,仅有的区别是方法二在选择扩展工具后,用点击图标$\mathbb{Q}$的方式在影像上确定种子像元,而本方法是要用查询光标功能确定种子像元。具体步骤为:在待分类影像窗口菜单条中点击"Utility | Inquire Cursor"或者直接单击工具条中的图标$+$,打开如图 4.91 所示的 Viewer 对话框,同时影像窗口中出现相应的十字查询光标。

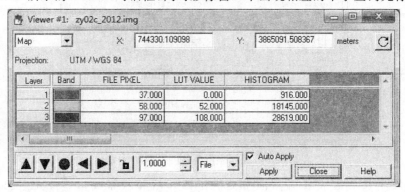

图 4.91　Viewer 对话框

在影像窗口中可以移动十字查询光标,其位置即可作为种子像元的位置,Viewer 对话框中会显示相应的像元坐标值及各个波段的像素值等信息。此外,种子像元区域生长参数的设置及后续操作与方法二完全相同。

在 germtm.img 图像的窗口,单击 AOI | Seed Properties 命令,打开 Region Growing Properties 对话框(图 4.90),设置有关参数。

在 germtm.img 图像的窗口工具条中单击 Inquire Cursor 图标$+$,打开 Inquire Cursor 对话框;或者在菜单条中单击 Utility | Inquire Cursor 命令,打开 Inquire Cursor 窗口。图像窗口出现相应的十字查询光标,十字交点可以准确定位一个种子像元。

下面的操作将在 Region Growing Properties 对话框、图像窗口或 Inquire Cursor 窗口、Signature Editor 窗口之间交替进行。

(1)在 germtm.img 图像窗口中将十字光标交点移动到种子像元上,则 Inquire Cursor 对话框中光标对应像元的坐标值与各波段数值相应变化。

（2）单击 Region Growing Properties 对话框左下部的 Grow at Inquire 按钮，则 germtm.img 图像窗口中自动产生一个新的扩展 AOI。

（3）在 Signature Editor 窗口中单击 Create New Signature 图标 ，将扩展 AOI 区域加载到 Signature 分类模板属性表中。

（4）重复上述操作，参见方法二，继续进行，直到生成分类模板文件为止。

2. 评价分类模板

分类模板建立之后，就可以对其进行评价、删除、更名、与其他分类模板合并等操作。分类模板的合并可使用户应用来自不同训练方法的分类模板进行综合复杂分类，这些模板训练方法包括监督、非监督、参数化和非参数化。ERDAS 为用户提供了多种分类模板评价工具，ERDAS IMAGING 分类模板评价的工具及主要用途见表 4.5。

表 4.5　ERDAS IMAGING 分类模板评价的工具及主要用途

分类模板评价工具	主要用途
Alarms	分类报警评价
Contingency Matrix	可能性矩阵评价
Feature Space to Image Masking	特征空间到图像掩模评价
Feature Objects	特征对象图示评价
Histograms	直方图评价
Signature Separability	分类的分离性评价
Statistics	分类统计分析评价

当然，不同的评价方法各有不同的应用范围。例如，不能用 Separability 工具对非参数化（由特征空间产生）分类模板进行评价，而且分类模板中至少应具有 5 个以上的类别。下面将主要介绍前三种比较常用的分类模板评价方法。

（1）分类报警评价（Alarms）。

① 产生报警掩模。

分类模板报警工具根据平行六面体决策规则（Parallelepiped Division Rule）将那些原属于或估计属于某一类别的像元在图像视窗中加亮显示，以示警报。一个报警可以针对一个类别或多个类别进行。如果没有在 Signature Editor 中选择类别，那么当前处于活动状态的类别就被用于进行报警。具体使用过程如下。

在 Signature Editor 对话框中单击"View | Image Alarm"，打开 Signature Alarm 对话框。选中"Indicate Overlap"并点击"Edit Parallelepiped Limits"按钮，弹出 Limits 对话框，在对话框中点击"SET"按钮打开 Set Parallelepiped Limits 对话框，并在 Set Parallelepiped Limits 对话框中设置计算方法（Method）：Minimum/Maximum。选择使用的模板（Signature）：Current。单击"OK"关闭 Set Parallelepiped Limits 对话框并返回 Limits 对话框。单击"Close"关闭 Limits 对话框并返回 Signature Alarm 对话框。单击"OK"执行报警评价，形成报警掩模。最后单击"Close"关闭 Signature Alarm 对话框（图 4.92）。

② 在 Viewer 窗口中单击 Utility，利用 Flicker 或 Swipe 功能查看报警掩模（具体操作详见任务六中遥感影像的几何校正的实验步骤 5 质量检查）。

③ 删除分类报警掩模。

在视窗菜单条的 View｜Arrange Layers 菜单中打开 Arrange Layers 对话框,右键点击 Alarm Mask 图层,弹出 Layer Options 菜单并选择 Delete Layer,则 Alarm Mask 图层被删除,点击 Apply(应用图层删除操作),出现提示"Verify Save on Close",选择"NO"并点击 "Close"关闭 Arrange Layers 对话框。

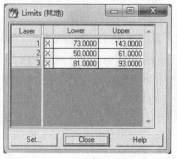

图 4.92　报警掩模设置

根据 Signature Editor 中指定的颜色,选定类别的像元显示在原始图像视窗中,并覆益在原图像之上,形成一个报警掩模(图 4.93)。

图 4.93　林地的报警掩模

(2) 可能性矩阵评价(Contingency Matrix)。

可能性矩阵评价工具根据分类模板分析 AOI 训练区的像元是否完全落在相应的类别中,通常都期望 AOI 区域的像元分到它们参于训练的类别中,实际上 AOI 中的像元对各个类都有一个权重值,AOI 训练样区只对类别模板起一个加权的作用。Contingency Matrix 工具可同时应用于多个类别,如果没有在 Signature Editor 中确定选择集,则所有的模板类别都将被应用。

可能性矩阵的输出结果是一个百分比矩阵,说明每个 AOI 训练区中有多少个像元分别属于相应的类别。AOI 训练样区的分类可应用下列几种分类原则:平行六面体(Parallelepiped)、特征空间(Feture Space)、最大似然(Maximum Likelihood)、马氏距离(Mahalanobis Distance)。具体实验步骤如下。

① 在 Signature Editor 对话框中选择所有类别,并在菜单条中点击"Evaluation | Contingency",打开 Contingency Matrix 对话框(图 4.94)。

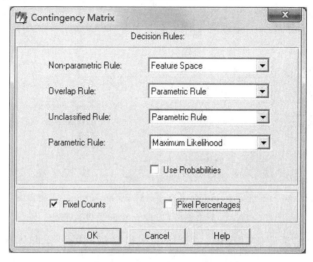

图 4.94　Contingency Matrix 对话框

② 在对话框中进行以下设置。

a. 选择非参数规则(Non-parametric Rule)。Feature Space。

b. 选择叠加规则(Overlay Rule)。Parametric Rule。

c. 选择未分类规则(Unclassified Rule)。Parametric Rule。

d. 选择参数规则(Parametric Rule)。Maximum Likelihood。

e. 选择像元总数作为评价输出统计。Pixel Counts。

③ 最后点击"OK"关闭 Contingency Matrix 对话框,计算分类误差矩阵,计算完成后,IMAGINE 文本编辑器(Text Editor)被打开,分类误差矩阵将显示在编辑器中供查看统计,误差矩阵(以像元数形式表达部分)如图 4.95 所示。

从矩阵中可以看到在 4 343 个应该属于河流类别的像元中有 3 个被认为属于耕地,2 个被认为属于建设用地,有 4 338 个仍旧属于河流,属于其他类的数目为 0。依次分别对水体、农田和林地进行分析,被误判的像元个数是极少的,因此这个结果符合要求。另外,如果误差矩阵值小于 85%,则模板需要重新建立。

(3) 特征空间到图像掩模评价(Feature Space to Image Masking)。

只有产生了特征空间 Signature 才可使用本工具,使用时可以基于一个或者多个特征空间模板。如果没有选择集,则当前处于活动状态的模板将被使用。如果特征空间模板被定义为一个掩模,则图像文件会对该掩模下的像元作标记,这些像元在视窗中也将被显示表达出来(Highlighted),因此可以直观地知道哪些像元将被分在特征空间模板所确定的类型之

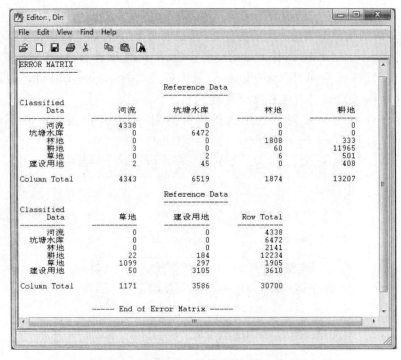

图 4.95 误差矩阵（以像元数形式表达部分）

中。必须注意，在本工具使用过程中，视窗中的图像必须与特征空间图像相对应。具体过程如下。

① 在 Signature Editor 对话框中选择要分析的特征空间模板，单击 Feature | Masking | Feature Space to Image，打开 FS to Image Masking 对话框（图 4.96）。

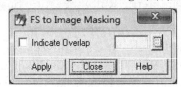

图 4.96 FS to Image Masking 对话框

② 在对话框中，Indicate Overlay 复选框意味着"属于不只一个特征空间模板的像元"将用该复选框后边的颜色显示。在此不需要勾选 Indicate Overlay 复选框，点击 Apply 应用参数设置，产生分类掩模，最后点击"Close"关闭 FS to Image Masking 对话框。

（4）另外四种评价方法。

① 模板对象图示评价（Feature Objects）。

模板对象图示工具可以显示各个类别模板（无论是参数型还是非参数型）的统计图，以便比较不同的类别，统计图以椭圆形式显示在特征空间图像中，每个椭圆都是基于类别的平均值及其标准差。可以同时产生一个类别或多个类别的图形显示。执行模板图示工具之后，在特征空间窗口显示特征空间及其所选的模板类别的统计椭圆，椭圆的重叠程度反映了类别的相似性。如果两个椭圆不重叠，则表示两个类别相互独立，为比较理想的分类模板；如果重叠度过大，则说明分类模板精度低，需要重新定义。

② 直方图评价(Histograms)。

直方图绘制工具通过分析类别的直方图对模板进行评价和比较,可以同时对一个或多个类别制作直方图。如果处理对象是单个类别(选择 Single Signature),则是当前活动类别;如果是多个类别的直方图,则是选中的类别。该方法通过各分类模板的直方图来评价分类模板的精度,判断方法为:直方图越接近于正态分布,方差越小,则说明分类模板精度越高;否则,说明分类模板精度较低,此时需重新定义分类模板。

③ 分离性分析评价(Signature separability)。

类别的分离性工具用于计算任意类别间的统计距离(其计算方法有欧氏光谱距离、Jeffries — Matusta 距离、分类分离度和转换分离度),该距离可确定两个类别间的差异性程度,也可用于确定在分类中效果最好的数据层。类别的分离性工具可以同时对多个类别进行操作,如果没有选择任何类别,则它将对所有的类别进行操作。

④ 分类统计分析评价(Statistics)。

分类统计分析评价工具首先需要对各模板类别的基本统计参数进行统计,以此为模板评价提供依据,对类别专题层做出评价和比较。该方法每次只能对一个类别进行统计分析,在分析时处于活动状态的类别即作为当前统计的类别。

3.执行监督分类

监督分类在本质上就是依据分类模板及分类决策规则对影像像元进行聚类判断。用于分类决策的规则是多层次的,如对非参数模板有特征空间、平行六面体等方法,对参数模板有最大似然法、Mahalanobis 距离、最小距离等方法。非参数规则与参数规则可以同时使用,但需要注意各自的应用范围,如非参数规则只能应用于非参数型模板,对于参数型模板,要使用参数型规则。另外,如果使用非参数型模板,还要确定叠加规则和未分类规则。

监督分类的具体操作过程如下。

(1)在 ERDAS 图标面板工具条中依次点击 Classifier | Supervised Classification 菜单项打开监督分类对话框(图 4.97)。

(2)在监督分类对话框中,需要进行一系列设置。在 Input Raster File 下添加待分类影像;在 Classified File 下定义输出分类文件路径及名称;Input Signature File 用以确定分类模板文件;选中 Distance File,用于分类结果的阈值处理;在 Filename 下定义输出分类距离文件。

(3)在 Decision Rules 中设定相应的分类决策参数。选择 Feature Space 作为非参数规则(Non_parametric Rule);将叠加规则(Overlay Rule)和未分类规则(Unclassified Rule)设为 Parametric Rule;设置参数规则(Parameric Rule) 为 Maximum Likelihood。

(4)不勾选 Classify zeros(该选项的意义为分类过程中对 0 值进行分类),然后点击"OK"执行监督分类,Supervised Classification 对话框自动关闭。监督分类结果如图 4.98 所示。

图 4.98 中监督分类的结果将影像分为六种地物类型:建设用地、耕地、河流、坑塘水库、林地和草地。其中需要注意的是:图 4.98 中黄河河道中心的沙洲和北岸的滩地被划分到建设用地的类型中,这是因为监督分类是以影像的光谱特征为依据的,沙洲和滩地属于砂质地表,反射率较高,与建设用地的光谱特征类似。因此,在实际工作或研究中,监督分类的结果

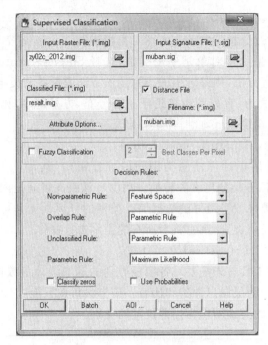

图 4.97　监督分类对话框

图 4.98　监督分类结果

往往需要进行后期的处理,充分地运用影像中的纹理、地物形状以及地物之间的空间关系等特征进行综合判读,在保证地物类型划分科学性的同时提高其准确性。

　　4.分类结果评价

　　监督分类完成后,对分类结果进行评价是十分必要的。在 ERDAS 中,有多种不同的分类结果评价方法,本书主要介绍分类叠加法、阈值处理法以及分类精度评估法。

　　(1)分类叠加法。

　　分类叠加法是在同一个视窗中将专题分类图像与分类原始图像同时打开,通过改变分类专题的透明度、颜色等属性,查看分类专题与原始图像之间的对应关系。对于非监督分类结果,应用分类叠加方法来确定类别的专题特性并评价分类结果的准确性。

　　该方法的具体操作步骤与本书任务六中遥感影像的几何校正的实验步骤 5 质量检查

类似。

（2）分类精度评估法。

分类精度评估法是将专题分类图像中的特定像元与已知分类的参考像元进行比较，实际应用中往往是将分类数据与地面真值、先验地图、高空间分辨率航片或其他数据进行对比。

具体操作如下。

① 在 Viewer 视窗中打开原始影像，在 ERDAS 图标面板工具条中依次单击 Classifier｜Accuracy Assessment 菜单项，打开 Accuracy Assessment 对话框（图 4.99）。

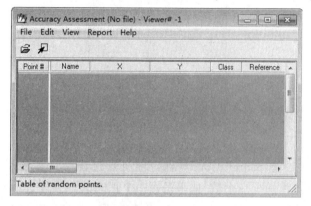

图 4.99　Accuracy Assessment 对话框

② 在 Accuracy Assessment 对话框菜单条中点击 File｜Open 或者直接点击图标 📂 打开 Classified Image 对话框，在此对话框中添加监督分类结果的分类专题图像，设置好以后点击"OK"关闭 Classified Image 对话框。

③ 单击 Select Viewer 图标 📌（或菜单条中点击 View｜Select Viewer），用光标关联原始影像窗口与精度评估窗口。

④ 在菜单条中点击 View｜Change Colors 菜单项，打开 Change colors 对话框。在 Points with no reference 中确定"无真实参考值的点"的颜色，在 Points with reference 确定"有真实参考值的点"的颜色（图 4.100）。设置完成后点击"OK"退出该对话框。

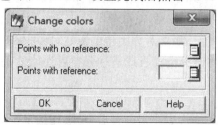

图 4.100　Change colors 对话框

⑤ 在菜单条中依次点击 Edit | Create/Add Random Points 命令,打开 Add Random Points 对话框(图 4.101)。

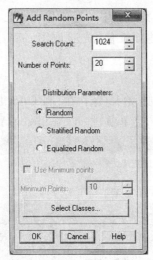

图 4.101　Add Random Points 对话框

在对话框中依次设置 Search Count(确定随机点过程中最多使用的分析像元数)及 Number of Points(产生随机点个数,如果是做一个正式的分类评价,必须产生 250 个以上的随机点)的值,在 Distribution Parameters 下选择随机点的产生方法为 Random,然后点击"OK",按照参数设置产生随机点。

⑥ 在 Accuracy Assessment 对话框的菜单条中依次点击 View | Show All,此时可以在原始影像的视窗中看到所有随机点,且均按 ④ 中设置的颜色显示。然后点击 Edit | Show Claas Values 命令,使各点的类别号显示在精度评估数据表中。

⑦ 在数据表的 Reference 字段输入各个随机点的实际类别值。只要输入参考点的实际分类值,它在视窗中的色彩就变为 ④ 中设置的 Point With Reference 的颜色。

⑧ 在 Accuracy Assessment 对话框中,点击 Report | Options 命令,设定分类评价报告的参数。点击 Report | Accuracy Report 生成分类精度报告。点击 Report | Cell Report 查看产生随机点的设置及其窗口环境,所有结果将显示在 ERDAS 文本编辑器窗口,可以保存为文本文件。最后点击 File | Save As 保存分类精度评价数据表。

对监督分类结果进行评价。如果对分类精度满意,即可保存结果;如果不满意,可以有针对性地做进一步处理,如修改分类模板或通过分类后处理进行调整。

(3)阈值处理法。

该方法首先需要确定哪些像元没有被正确分类,从而对监督分类的初步结果进行优化。在操作中,可以对每个类别设置一个距离值,系统筛选出可能不属于该类别的像元并赋予另一分类值。具体操作步骤如下。

① 在 ERDAS 图标面板工具条中依次点击 Classifier│Threshold 工具条,打开阈值处理对话框(图 4.102)。

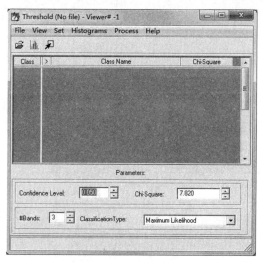

图 4.102　阈值处理对话框

② 在 Threshold 窗口中,依次点击 File│Open 命令,并在弹出的 Open File 对话框中设置分类专题图像(即监督分类的结果图像)及分类距离图像(在执行监督分类时与分类结果同时生成的距离图像(图 4.97))的名称及路径,点击"OK"按钮关闭该对话框。再依次点击 View│Select Viewer 命令,关联显示分类专题图像的窗口,并点击 Histogram│Compute 命令计算各类别的距离直方图。

③ 在分类的属性表中,选定某一专题类别,在菜单条中点击 Histograms│View 命令,显示该类别的距离直方图(图 4.103)。

④ 以上述同样的方法打开每个类别的距离直方图,并拖动每个类别对应的距离直方图中 X 轴到要设置的阈值的位置,可以看到 Threshold 窗口中 Chi-square 值自动发生变化。依此方法重复 ③、④ 两步,对每个类别的阈值进行设定。

⑤ 在 Threshold 窗口菜单条中点击 Process│To Viewer,此时阈值图像会显示在关联的分类图像上,形成一个阈值掩模层,同时可通过叠加显示的功能直观地查看阈值处理前后的分类变化,最后点击 Process│To File 命令,并保存阈值处理图像。

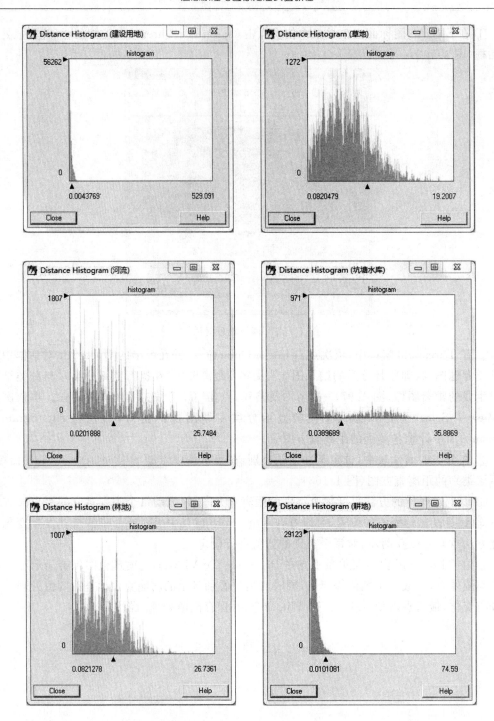

图 4.103　各专题类别的距离直方图

任务八　三维景观制图

一、实习内容及要求

高分辨率遥感影像具有高空间分辨率、高清晰度、信息量丰富及数据时效性强等优点，是建立三维景观的良好数据源，在三维景观构建技术体系中占有重要地位。本任务主要介绍利用VirtualGIS模块构建一个三维场景的基本方法。

本次的学习要求掌握以下内容。

(1) 理解利用遥感图像进行三维景观构建的原理。

(2) 掌握基于遥感影像数据的三维构建方法，理解场景属性调整参数的作用。

二、三维景观制图

(一) 实验数据

某市DEM数据和资源卫星影像。

文件路径:chap8。

文件名称:SS_DEM.img;zywx.img。

(二) 实验过程

在ERDAS IMAGE中，VirtualGIS模块 是实现三维可视化的工具(图4.104)，包括VirtualGIS视图(图4.105)、虚拟世界编辑、三维动画制作、创建视阈层、记录飞行轨迹、创建不规则三角网(TIN)等。

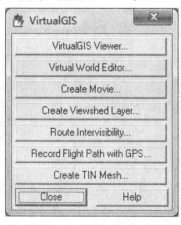

图4.104　VirtualGIS模块

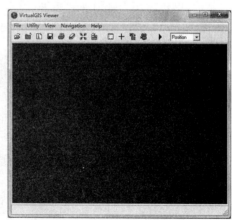

图4.105　VirtualGIS视图

制作三维景观图的步骤:打开DEM数据、叠加影像数据、设置场景属性、设置太阳光、设置多细节层次(LOD)、设置视点与视场。

1. 打开 DEM 数据

在 VirtualGIS 视图的菜单条,单击"File │ Open │ DEM"命令,弹出 Select Layer To Add:对话框(图 4.106)。在对话框的"File"选项卡中选择 DEM 文件 SS_DEM.img,然后在"Raser Options"选项卡中选择 DEM,单击"OK",DEM 被加载到 VirtualGIS 视图窗口(图 4.107)。

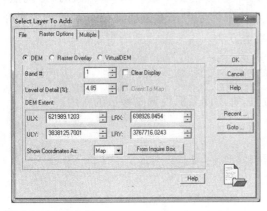

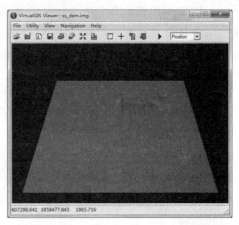

图 4.106　Select Layer To Add:对话框一　　　图 4.107　　加载 DEM 之后的 VirtualGIS 视图窗口

2. 叠加影像数据

在 VirtualGIS 视图的菜单条中选择"File │ Open │ Raster Layer"命令,弹出 Select Layer To Add 对话框,在对话框的"File"选项卡中选择影像文件"zywx.img",然后在"Raser Options"选项卡中选择"Raster Overlay"(图 4.108),意思是将影像文件叠加在 DEM 数据上显示,单击"OK"得到加载结果(图 4.109)。

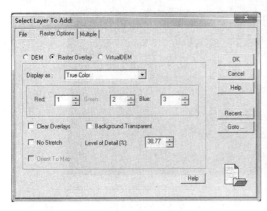

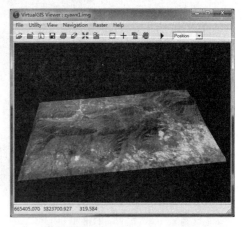

图 4.108　Select Layer To Add:对话框二　　　图 4.109　　影像文件叠加在 DEM 上显示

3. 设置场景属性

在 VirtualGIS 视图窗口,单击"View │ Scene Properties",弹出 Scene Properties 对话框(图 4.110)。DEM 选项卡包括高程夸张系数(Exaggeration)、地形颜色、可视范围和单位

等。这里设置高程夸张系数为 3.000，可视范围为 150 000.000，其他参数保持默认，单击"Apply"，观察三维场景的变化（图 4.111），可以看到地形起伏更加明显。

4.设置太阳光

在 VirtualGIS 视图窗口，单击"View｜Sun Positioning"，弹出 Sun Positioning 对话框（图 4.112）。

对话框的右侧为太阳方位角、太阳高度角和光照强度等参数的设置区域，左侧为对应的二维示意图。这里将"Use Lighting"和"Auto Apply"选项勾上，使参数设置的结果立刻应用于二维场景中。单击"Advanced..."按钮，弹出通过时间和位置设置太阳高度角的对话框（图 4.113），分别输入 2012 年 7 月 7 日 12 时和 2012 年 7 月 7 日 0 时，观察 VirtualGIS 视图窗口中的三维场景发生的变化（图 4.114、图 4.115）。中午 12 时光照条件下场景的亮度明显要强于夜晚 0 时。

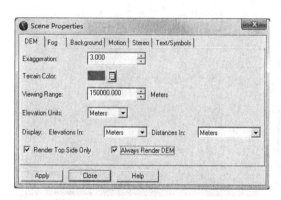

图 4.110　Scene Properties 对话框

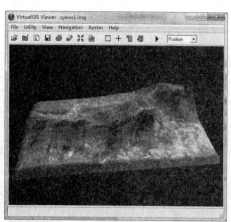

图 4.111　设置场景特性之后的三维场景

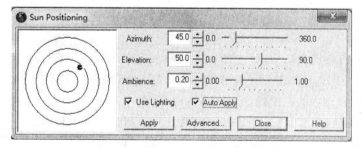

图 4.112　Sun Positioning 对话框

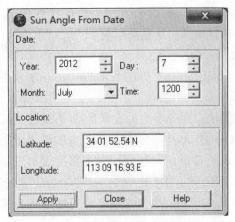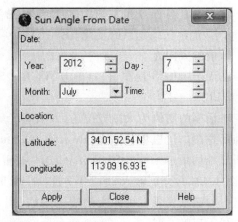

图 4.113 通过位置和时间设置太阳高度角

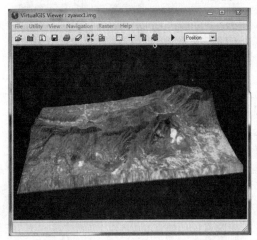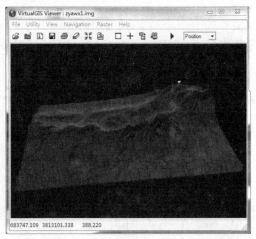

图 4.114 2012 年 7 月 7 日 12 时光照下的三维场景 　图 4.115 2012 年 7 月 7 日 0 时光照下的三维景观

5. 设置 LOD

在 VirtualGIS 视图窗口中，单击"View | Level of Detail Control"，弹出 LOD 设置对话框（图 4.116）。分别调整 DEM LOD 和 Raster LOD 为 100% 和 10%（图 4.116、图 4.117），观察 VirtualGIS 视图中的三维场景变化（图 4.118、图 4.119）。可以看到 100% 详细度下的三维场景的表现内容更加丰富，而 10% 详细度下的三维场景要模糊很多。

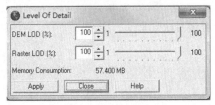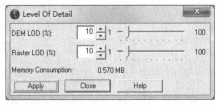

图 4.116 LOD 设置对话框（100% 详细度）　图 4.117 LOD 设置对话框（10% 详细度）

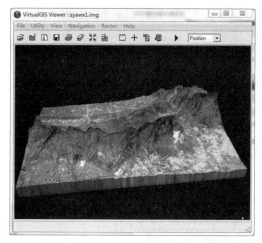
图 4.118　100%详细度下的三维景观

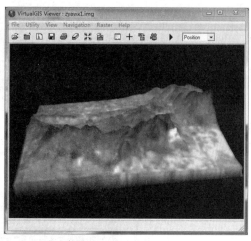
图 4.119　10%详细度下的三维景观

6.设置视点与视场

在 VirtualGIS 视图窗口中,选择"View ｜ Create Overview Viewer ｜ Linked",弹出二维全景视图(图 4.120)。

分别调整视点 Eye 和目标 Target 的位置,观察 VirtualGIS 视图窗口中三维场景的变化(图 4.121)。随着视点和目标的变化,所观察到的三维场景跟着发生变化。

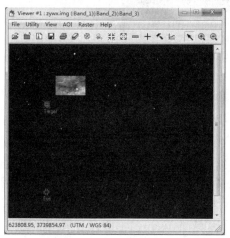
图 4.120　二维全景视图

图 4.121　调整视点后的三维场景

在 VirtualGIS 视图窗口中,选择"Navigation ｜ Position Editor",弹出视点编辑对话框(图 4.122),其中包括视点位置、视点方向的设置和右侧对应的二维剖面示意图。二维剖面示意图中的红色线段为视线,两条绿色射线构成视场角。拖动视线可以观察三维景观的实时变化(图 4.123)。

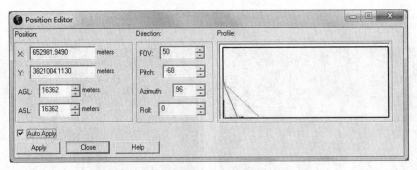

图 4.122　视点编辑对话框

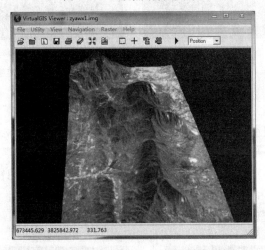

图 4.123　视点编辑之后的三维场景

任务九　子象元分类

一、实习内容及要求

子象元分类(Subpixel Classifier)提供了较高水准的光谱识别和感兴趣物质的检测方法,可以对像元中混合有其他物质的混合像元进行检测,采用不同于传统像元分类的方法清除背景和增强特征,检测和分离那些与感兴趣物质隔离的成分,从而提高分类的准确度。因此,能够熟练使用 ERDAS 进行子象元分类,熟悉其关键的操作流程,对有关的科学研究和实际工作很有意义。

在本次实习中,应掌握以下内容。

(1) 了解子象元分类的概念和意义。

(2) 掌握子象元分类的原理和实验流程。

(3) 通过实例练习,能够熟练运用 ERDAS 对遥感图像进行子象元分类。

二、子象元分类

(一) 实验原理

1.子象元分类简介

子象元分类(Subpixel Classifier)是一种高级的图像处理工具,通过识别样本里共同物质的地物光谱特征,并将影像其他像元与特征样本光谱进行比较,从而排除不同的地表物质。子象元分类通过使用多光谱影像来检测比像元更小或者非100%像元的专题信息,同时也可以检测那些范围较大但是混合有其他成分的专题信息,从而提高分类精度。子象元分类提供了较高水准的光谱识别和感兴趣物质的检测方法,可以对混合其他物质的混合像元进行高精度的检测,适用于8 bit或者16 bit的航空影像和多光谱卫星影像,也可以用于超光谱影像分类,但不适用于全色影像和雷达影像。IMAGINE子象元分类的关键特征如下。

(1)探测感兴趣物质子象元,去除背景信息使感兴趣物质的波谱显示出来。

(2)独有的特征提取方法,目标识别精度高。

(3)性能优越,与传统的分类功能很好地互补。

2.子象元分类方法及流程

子象元分类是一项严密和相对复杂的工作,在实际应用中需要按照子象元分类的一般流程进行规范的操作。执行子象元分类的一般流程主要包括图像质量确认(Quality Assurance)、图像预处理(Preproncessing)、自动环境校正(Environmental Correction)、分类特征提取(Signature Derivation)、分类特征组合(Signature Combiner)、分类特征评价与优化(Signature Evaluation and Refinement)、感兴趣物质分类(MOI Classification)和分类后处理(Post Classification Process)8个基本步骤。其中,子象元分类的前7步流程可简要概括于表4.6中。

表 4.6　子象元分类流程与功能

流程	功能	选择性	描述	输入文件	输出文件
第1步	图像质量确认	可选	检测重复数据	图像(.img)	叠加层(.img)
第2步	图像预处理	必选	确定图像背景	图像(.img)	预处理结果(.aasap)
第3步	自动环境校正	必选	计算校正因子	图像(.img) 特征(.asd)	环境校正因子(.corenv)
第4步	分类特征提取	必选	提取训练特征	图像(.img) 训练集(.aoi/.ats)	特征(.asd) 描述(.sdd) 报告(.report)
第5步	分类特征组合	可选	合并单个特征	图像(.img)	特征(.asd) 描述(.sdd)
第6步	特征评价与优化	可选	评价和优化特征	图像(.img)	特征(.asd) 报告(.report)
第7步	感兴趣物质分类	必选	应用特征于图像	图像(.img)	叠加层(.img)

（二）实验数据

文件路径：chap9/Ex1。

文件名称：sub_classifier.img；sub_classifier.aoi；sub_classifierspot.aoi。

（三）实验过程

1. 启动 ERDAS IMAGINE 的子象元分类模块

（1）在 ERDAS 图标面板菜单条中点击"Main│Subpixel Classifier"命令，或者直接点击面板工具条中子象元分类模块的启动图标 ，打开 Subpixel Classifier 对话框（图 4.124）。

图 4.124　Subpixel Classifier 对话框

（2）在 Subpixel Classifier 对话框中分别单击"Signature Derivation..."命令和"Utilities..."命令，打开 Signature Derivation 对话框（图 4.125）和 Utilities 对话框（图 4.126）。

图 4.125　Signature Derivation 对话框　　图 4.126　Utilities 对话框

注意：从图 4.124 中可以看出，子象元分类（Subpixel Classifier）主要包括六个基本模块，分别是图像预处理模块（Preprocessing）、环境校正模块（Environmental Correction）、分类特征提取模块（Signature Derivation）、特征组合模块（Signature Combiner）、感兴趣物质分类模块（MOI Classification）和实用工具模块（Utilities）。其中特征提取模块又由三个子模块组成(图4.125),分别是手工分类特征提取(Manual Signature Derivation...)、自动分类特征提取(Automatic Signature Derivation...)和分类特征评价与优化(Signature Evaluation/ Refinement...)。实用工具模块由四项实用工具组成(图4.126),分别是使用技巧(Usage Tips...)、图像质量确认(Quality Assurance...)、联机帮助(Help Contents...)和版本与版权(Version/CopyRight...)。

2.图像预处理

(1)在ERDAS图标面板工具条中,点击"Subpixel Classifier"命令 ,选择"Preprocessing",打开Preprocessing对话框(图4.127)。

(2)在Input Image File下,选择待处理影像:chap10/Ex1;sub_classifier.img(图4.128)。

图4.127　Preprocessing对话框

图4.128　待处理影像

(3)在Output Image File下,一个默认的sub_classifier.aasap显示出来。

(4)选择"OK"运行这个过程。关闭Preprocessing对话框,打开工作进度状态对话框。当这个状态框报告"Done"100%完成时,选择"OK"关闭工作状态对话框。

3.自动环境校正

(1)在Subpixel Classifier对话框(图4.124)中选择"Environmental Correction..."选项,打开Environmental Correction Factors对话框(图4.129)。

(2)在Input Image File下选择sub_classifier.img。

(3)在Output File下,一个默认的输出名为sub_classifier.corenv显示出来。

(4)在Environmental Corrections Factors对话框下,"Correction Type:"有两个选项:In Scene和Scene to Scene。当用于一个影像时,选择系统默认值,即"In Scene"选项。

(5)这个影像是无云的,所以不需要浏览影像然后选择云。如果这时选择"OK"按钮,这个过程中系统将会提示没有选择云,是否继续处理。在此选择"是",这个过程会一直进行直到完成,同时Environmental Corrtection对话框将会关闭。

(6)选择"OK"开始Environmental Correction处理。一个新的工作进度状态对话框

图 4.129 Environmental Corrtection Factors 对话框

显示它完成的百分数,当状态条报告为 100% 时,选择"OK"关闭对话框。

4.手工分类特征提取

(1) 在 Subpixel Classifier 对话框中依次点击"Signature Derivation... | Manual Signature Derivation"命令,打开 Manual Signature Derivation 对话框(图 4.130)。

(2) 在 Input Image File 下,选择 sub_classifier.img。

(3) 在 Input In-Scene CORENV File 下选择 sub_classifier.corenv。

(4) 在 Input Training Set File 下,选择 sub_classifier.aoi,这个文件包括分类物质的位置,此时会自动弹出 Convert .aoi or .img To .ats 对话框(图 4.131)。对于感兴趣物质像元比例(Material Pixel Fraction),接受默认值 0.90。

(5) 选择"OK",产生 Output Training Set File。IMAGINE Subpixel Classifier Manual Signature Dertivation 对话框被更新为新的 sub_classifier.ats 文件作为 Input Training Set File。

(6) 对于 Confidence Level,默认值的 Confidence Level 为 0.80。

(7) 在 Output Signature File 下,先选择文件输出路径,并输入文件名为"sub_classifier.asd",然后按"OK"。

(8) 不选择 DLA Filter(重复数据行滤波选择),因为这个影像不包含 DLA。

(9) 选择 Signature Report 产生一个特征数据报告。这个选项输出的文件的全名是以 .report 为扩展的 sub_classifier.asd.report。

(10) 选择"OK",运行 Signature Derivation。一个表明完成的百分数的工作进度状态对话框显示出来,当状态条报告为 100% 时,选择"OK"关闭对话框。

(11) 选择"Close",退出 Manual Signature Derivation 对话框。

5.感兴趣物质分类

(1) 在 Subpixel Classifier 主菜单上选择"MOI Classification...",打开 MOI

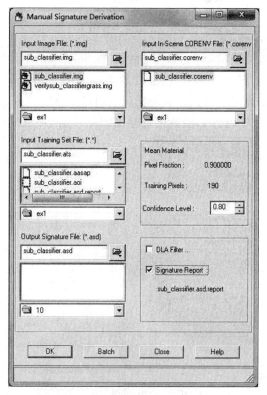

图 4.130 Manual Signature Derivation 对话框

图 4.131 Convert. aoi or. img To. ats 对话框

Classification 对话框(图 4.132)。

(2) 在 Image File 下,选择 sub_classifier. img。

(3) 在 CORENV File 下,选择 sub_classifier. corenv。

(4) 在 Signature File 下,选择 sub_classifier. asd。

(5) 在 Detection File 下,选择文件输出路径,并命名数据文件为"sub_moi_classifier.

img",然后点击"OK",返回 MOI Classification 对话框。

（6）对于 Classification Tolerance，输入分类容差值为 1.0。

（7）单击 AOI 按钮，打开 Choose AOI 对话框，在 Select an AOI Flie 栏中选择 AOI 文件为 sub_classifierspot. aoi（图 4.133）。注：此处的 AOI 和用于训练区的 AOI 作用是不同的，现在选择的 AOI 是为了确定子象元分类的处理范围，用户可以根据需要在显示待分类影像的 Viewer 窗口中临时用 AOI 工具绘制出处理范围。

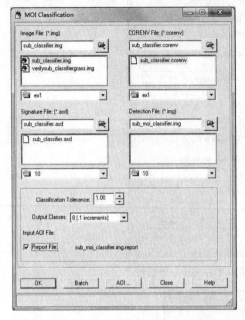

图 4.132　MOI Classification 对话框

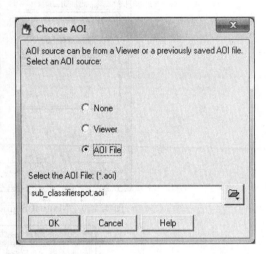

图 4.133　Choose AOI 对话框

（8）在 AOI Source 对话框中选择"OK"，返回 MOI Classification 对话框。

（9）在 Output Classes 后，接受默认值 8。

（10）选择 Report File，产生 MOI Classification 报告。

（11）选择"OK"，运行 MOI Classification。一个表明完成的百分数的工作进度状态对话框显示出来，当状态条报告为 100% 时，选择"OK"关闭对话框。

（12）通过 ERDAS 二维窗口与栅格属性表对分类图像进行浏览与设置。

① 首先在 ERDAS IMAGINE 的 Viewer 中打开原始图像 sub_classifier. img。

② 在 Viewer 窗口中选择"File | Open | Raster Layer"，选择包含分类结果的 sub_moi_classifier. img 图像，在"Raster Option"选项中选择 Pseudo Color（假彩色），不要勾选 CLear Display 复选框。

③ 选择"OK"预览结果（图 4.134），将影像和分类后的结果都在 Viewer 窗口中显示出来。

④ 为了查看每个像元的分类情况以及探测的数量，选择"Raster | Attributes"，得到 Raster Attribute Editor 分类图像栅格属性表（图 4.135）。从属性表中可以看出 8 种分类结果的差异：类型 1 具有 0.20~0.29 的物质像元比例，说明其中包含 20%~29% 的感兴趣物

图 4.134　子象元分类结果预览

质；依此类推，从类型 2 到类型 7，物质像元比例渐增；类型 8 的物质像元比例最高，达 0.90 ～ 1.0，亦即包含 90% ～ 100% 的感兴趣物质。

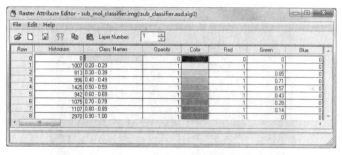

图 4.135　分类图像栅格属性表

⑤ 在栅格属性表中单击选择分类色块，在弹出的色表中选择一种需要的颜色或选择 "Other" 选项，打开 Color Chooser(选择颜色) 对话框(图 4.136)。

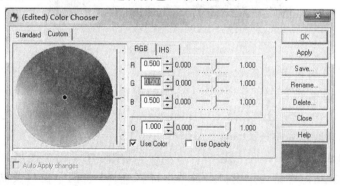

图 4.136　Color Chooser 对话框

(13) 选择"Close"，关闭 MOI Classfication 窗口，退出 MOI 分类。

6. 查看验证文件

为了确认输出的分类图像的正确性,应提供正确处理产生的验证文件。

(1)verifysub_classifiergrass.img。草地分类结果验证文件。

(2)verifysub_classifiergrass.img.report。草地分类报告验证文件。

(3)verifysub_classifiergrass.ovr。草地分类典型区标注验证文件。

可以将这些文件的内容与上述分类处理产生的文件内容进行比较,如果文件差异较大,则需要重新进行处理。

下面以草地分类结果图像比较为例进行说明。同时打开两个 ERDAS 二维窗口。首先在第一个窗口中分别以 True Color(真彩色)打开原始图像 sub_classifier.img、以 Pseudo Color(假彩色)打开草地分类图像 sub_moi_classifier.img,注意在选择项(Option)中不选中 Clear Display 复选框,以保证草地分类图像与原始图像的叠加显示效果。然后在第二个窗口中分别以 True Color(真彩色)打开原始图像 sub_classifier.img、以 Pseudo Color(假彩色)打开草地分类验证图像 verifysub_classifiergrass.img,注意在选择项(Option)中不选中 Clear Display 复选框,以保证草地分类验证图像与原始图像的叠加显示效果(图 4.137)。

图 4.137 verifysub_classifiergrass.img 窗口

在第二个窗口通过菜单条 Raster | Attribute 打开草地分类验证图像栅格属性表(图 4.138),对比图 4.138 与图 4.135 中各分类的物质像元比例和分类直方图,可以看出两个分类结果高度统一,说明分类结果 sub_moi_classifier.img 在统计特征方面的正确性。

在第二个窗口通过菜单条 Open | Annotation Layer 打开草地分类验证图像标注文件 verifysub_classifiergrass.ovr(图 4.139),可以看出其中标注了三个区域,分别放大两个窗口,然后通过 GeoLink(在第二个窗口右键单击屏幕选择)将两个窗口关联起来,以便于进一步浏览与观察被标注区域分类结果的一致性,验证分类结果在空间上的正确性。

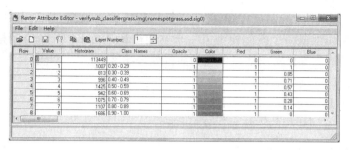

图 4.138 分类图像栅格属性表

（a） （b）

图 4.139 分类结果比较

6.分类结果比较

对比图像的结果,如图 4.139 所示,图 4.139(b) 的 Area A、Area B、Area C 三个典型区域中,Area A 对应分类特征的训练集像元,Area B 和 Area C 对应检测出子象元的的区域。

Area A 包含草地比例的多数像元都被正确分类,位于该区域边缘的其他像元,被认为包含草的比例较低。Area B 和 Area C 在图像上对应为草地,这些草地颜色不同表明草的情况不同。不是所有的草地都被认为是草,只有与训练集位置相似的草被分类为草,有些草地区域的像元包含有道路、停车场和裸地等,在分类时,认为这些像元包含的草比例较低。

就上述关于草地的分类而言,利用传统监督分类与分类特征提取方法,将产生包含更多变化的草地分类特征,分类结果将包含更多的草地变化类型,而子象元分类结果则只包括训练集像元中共有的特定草地类型。

任务十 空间建模工具

一、实习内容及要求

ERDAS 空间建模工具是一个面向目标的模型语言环境,在这个环境中,可以运用直观的图形语言在一个页面上绘制流程图,并定义分别代表输入数据、操作函数、运算规则和输出数据的图形,从而生成一个空间模型。一个空间模型是由 ERDAS 空间模型组件构成的一组指令集,这些指令可以完成地理信息和图像处理功能。

本次学习要求掌握以下两点。

(1)掌握空间建模工具的使用方法。

(2)能够运用空间建模的方法解决实际问题。

二、空间建模图形处理

(一)实验原理

空间建模工具由空间建模语言、模型生成器和空间模型库三个既相互关联又相对独立的部分构成。空间建模工具可以创建程序模型和图形模型:程序模型应用空间建模语言编写;图形模型是应用模型生成器建立的。图形模型有着共同的基本结构:输入 → 函数 → 输出。基本图形模型只由一个输入、一个函数和一个输出组成;而复杂图形模型包含若干输入、若干函数和若干输出,输入和输出是相互转化的。

图形模型的形成过程通常要经过六个基本步骤:明确问题 → 放置图形对象 → 定义对象 → 连接对象 → 定义函数操作 → 运行模型。

(二)实验数据

某市谷歌地球影像数据。

文件路径:chap10/Ex1。

文件名称:zjs.img。

(三)实验过程

以影像的卷积增强为例,说明图像处理的空间建模方法。

(1)打开 Spatial Modeler 对话框,如图 4.140 所示。

方法一:在菜单栏选择 Main | Spatial Maker...。

方法二:在图标面板上选择 Modeler 按钮。

(2)选择创建模型(Model Maker...),弹出模型创建的窗口及工具面板,如图 4.141 所示。

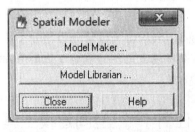

图 4.140　Spatial Modeler 对话框

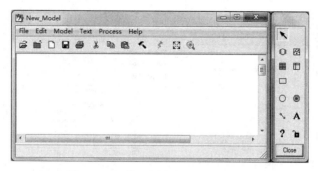

图 4.141 模型创建窗口及工具面板

（3）添加图形对象。

① 在工具面板中选择栅格图标 ⬡，在绘图窗口中单击，添加一个栅格图形。

② 在工具面板中选择矩阵图标 ▦，在绘图窗口中单击，添加一个矩阵图形。

③ 在工具面板中选择函数图标 ○，在绘图窗口中单击，添加一个函数图形。

④ 在工具面板中选择栅格图标 ⬡，在绘图窗口中单击，添加一个栅格图形。

⑤ 在工具面板中选择图标 ↖，调整图像对象的位置。

⑥ 在工具面板中选择连接图标 ↘，在绘图窗口绘制连接线，形成图形模型的基本框架，如图 4.142 所示。

（4）定义参数与操作。

① 在绘图窗口双击左上方栅格图形，打开 Raster 对话框，如图 4.143 所示。

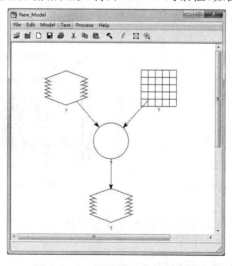

图 4.142 图形模型的基本框架

② 选择输入图像 zjs.img。

③ 单击"OK"按钮，返回绘图窗口。

④ 双击绘图窗口右上方的矩阵图形，打开 Matrix Definition 对话框（图 4.144）及卷积核矩阵表格（图 4.145）。

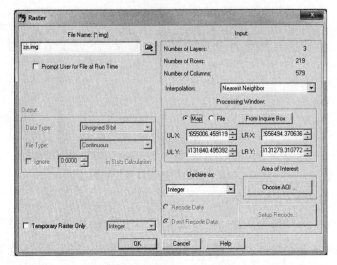

图 4.143　Raster 对话框

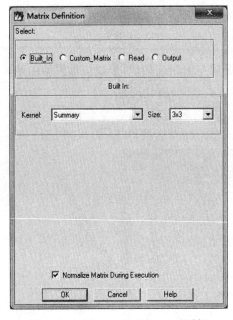

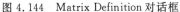

图 4.144　Matrix Definition 对话框

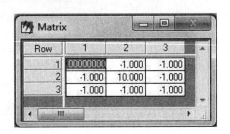

图 4.145　卷积核矩阵表格

⑤ 在 Matrix Definition 对话框中设置内置卷积核(Kernel)为 Summary,其他参数为默认。

⑥ 单击"OK"按钮,返回绘图窗口。

⑦ 双击绘图窗口中的函数图形,弹出 Function Definition 对话框(图 4.146)。

⑧ 函数类型确定为 Analysis,卷积函数选择 CONVOLVE(〈raster〉,〈kernel〉)。

⑨CONVOLVE 函数中〈raster〉参数定义为 $n1_zjs,〈kernel〉参数定义为 $n2_Summary(图 4.146)。

⑩ 单击"OK"按钮,返回绘图窗口。

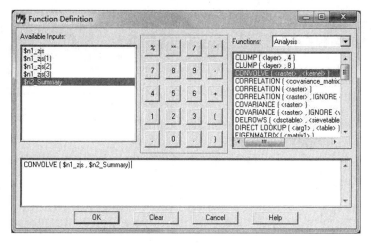

图 4.146　Function Definition 对话框

⑪ 双击最下方的栅格图形,打开 Raster 对话框(图 4.147)。

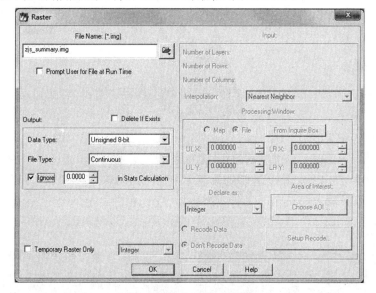

图 4.147　Raster 对话框

⑫ 定义输出图形的名称为 zjs_summary.img。

⑬ 在 Raster 对话框中选择输出统计忽略零值 Ignore 0.0000 in Stats Calculation,其他参数保持不变。

⑭ 单击"OK"按钮,返回绘图窗口(图 4.148)。

(5)保存模型。

① 在绘图窗口工具栏中选择保存按钮 或者在菜单栏中选择"File | Save As"命令,弹出 Save Model 对话框(图 4.149)。

② 确定保存为图形模型 Graphical Model,保存目录为 Models。

③ 模型名称定义为 zjs_summary.gmd。

④ 单击"OK"按钮,完成模型保存。

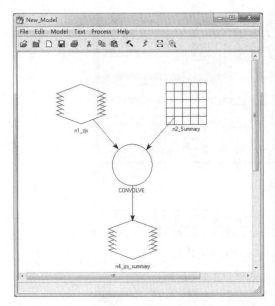

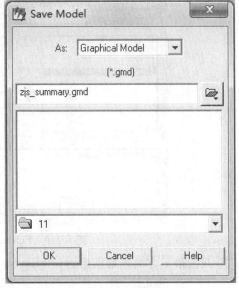

图 4.148　定义后的模型框架图　　　　图 4.149　Save Model 对话框

（6）运行图形模型。

在菜单栏中选择"Process｜Run"命令或者在工具栏中选择 ⚡ 按钮运行该模型，屏幕上出现模型运行状态条。运行完成后，单击"OK"按钮退出。

（7）查看运行结果。

打开一个 Viewer 窗口叠加显示原始图形和处理后的图形，通过窗口卷帘（Swipe）操作，对比处理效果，可以看到处理后的影像纹理更加清晰（图 4.150（a）为处理后结果，图 4.150（b）为原影像数据）。

（a）处理后结果　　　　　　　　　　（b）原影像数据

图 4.150　空间模型处理结果对比

参考文献

[1] 冯奇,吴胜军. 我国农作物遥感估产研究进展[J]. 世界科技研究与发展,2006(6):32-36.

[2] 傅肃性.遥感专题分析与地学图谱[M].北京:科学出版社,2002.

[3] 甘淑,王人潮,何大明.澜沧江流域山区土地覆盖遥感监测分类组织与实施技术研究[J].资源科学,2000,22(5):78-82.

[4] 高峰,车涛,王介民,等.被动微波遥感指数及其应用[J].遥感技术与应用,2005,20(6):551-557.

[5] 高彦春,牛铮,王长耀.遥感技术与其全球变化的研究[J].地球信息科学,2000(2):42-46.

[6] 顾行发,余涛,孟庆岩,等.我国民用航天遥感应用需求变化及时效性分析[J].卫星与网络,2008(4):58-60.

[7] 郭建宁.抓住机遇　加速发展　建设国家对地观测体系而努力奋斗[J].军民两用技术与产品,2007,(1):34-35.

[8] 李朝锋,曾生根,许磊.遥感图像智能处理[M].北京:电子工业出版社,2007.

[9] 李崇贵,赵宪文,李春干.森林蓄积量遥感估测理论与实现[M].北京:科学出版社,2006.

[10] 李德仁,王树根,周月琴.摄影测量遥感概论[M].北京:测绘出版社,2001.

[11] 李德仁.21世纪遥感与GIS展望[J].中国测绘,2002(6):28-29.

[12] 李家存,魏永明,蔺启忠.遥感信息在南水北调西线工程区构造解译中的应用[J].吉林大学学报(地球科版),2004,34(1):150-153.

[13] 党安荣,王晓栋,陈晓峰,等.ERDAS IMAGINE遥感图像处理方法[M].北京:清华大学出版社,2003.

[14] 闫利,邓非,李妍,等.遥感图像处理实验教程[M].武汉:武汉大学出版社,2010.

[15] 梅安新,彭望琭,秦其明,等.遥感导论[M].北京:高等教育出版社,2008.

[16] 韦玉春,汤国安,杨昕,等.遥感数字图像处理教程[M].北京:科学出版社,2011.

[17] 濮静娟.遥感图像目视解译原理与方法[M].北京:中国科学技术出版社,1992.

[18] 彭望琭.遥感数据的计算机处理与地理信息系统[M].北京:北京师范大学出版社,1991.

[19] 王润生.图形理解[M].长沙:国防科技大学出版社,1995.

[20] 张永生.遥感图像信息系统[M].北京:科学出版社,2000.

[21] 孙家炳.遥感原理与应用[M].武汉:武汉大学出版社,2003.

[22] 王海晖,彭嘉雄,吴巍,等.多源遥感图像融合效果评价方法研究[J].遥感学报,2002,6(3):33-37.

[23] 赵英时.遥感应用分析原理与方法[M].北京:科学出版社,2003.

[24] 胡振琪,陈涛.基于ERDAS的矿区植被覆盖度遥感信息提取研究——以陕西省榆林

市神府煤矿区为例[J]. 西北林学院学报,2003,25(2):59-64.

[25] 高海东,王涛 ERDAS IMAGINE 空间建模参数客户化的实现方法[J]. 测绘与空间地理信息,2009,32(1):120-122.

[26] 刘峻杉,杨光华. ERDAS 的三维地形可视化及其应用[J]. 西华师范大学学报,2008,29(3):307-312.

[27] 马晶,邱发富,吴铁婴,等. ERDAS 空间建模应用研究[J]. 测绘通报,2012(12):11-14.

[28] 吴孔江,曾永年,靳文凭,等. 改进利用蚁群规则挖掘算法进行遥感影像分类[J]. 测绘学报,2013,42(1):59-66.

[29] 谌一夫. 高分辨率遥感影像几何纠正方法[J]. 地理空间信息,2012,10(5):5-7.

[30] 马一薇. 高光谱图像融合技术与质量评价方法研究[D]. 郑州:解放军信息工程大学,2010.

[31] 徐占华,陈晓玲,李毓湘. 基于 ArcGIS 与 ERDAS IMAGINE 的三维地形可视化[J]. 测绘信息与工程,2005,30(1):3-4.

[32] 李燕,闫琰,董秀兰,等. 基于 ERDAS IMAGINE 的三维地形可视化[J]. 北京测绘,2010(4):18-19.

[33] 刘磊,周军,田勤虎,等. 基于 ERDAS IMAGINE 进行 ETM 影像几何精校正研究 —— 以新疆阿热勒托别地区为例[J]. 遥感技术与应用,2007,22(1):55-58.

[34] 陈春叶. 基于 ERDAS IMAGINE 遥感影像图的几何精纠正[J]. 测绘与空间地理信息,2010,33(3):71-73.

[35] 李小曼,王刚. 基于 ERDAS IMAGINE 的 TM 影像中较小水体识别方法[J]. 计算机应用与软件,2008,25(4):215-216.

[36] 王崇倡,郭健,武文波. 基于 ERDAS 的遥感影像分类方法研究[J],测绘工程,2007,16(3):31-34.

[37] 梁亮,杨敏华,李英芳. 基于 ICA 与 SVM 算法的高光谱遥感影像分类[J]. 光谱学与光谱分析,2010,30(10):2724-2728.

[38] 任广波,张杰,马毅,等. 基于半监督学习的遥感影像分类训练样本时空拓展方法[J]. 国土资源遥感,2013,25(2):87-94.

[39] QIAO C,SHEN Z F,WU N,et al. Remote sensing image classification method supported by spatital adjacency[J]. Journal of Remote Sensing,2011,15(1):88-99.

[40] BROCKHAUS J A, KHORRAM S. A comparision of Landsat TM and SPOT HRV data for use in the development of forest defoliation modes[J]. International Journal of Remote Sensing,1992,13(6):3235-3240.

[41] BROGE N H, MORTENSEN J V. Deriving green crop area index and canopy chlorophyll density of winter wheat from spectral reflectance data [J]. Remote Sensing of Environment,2002,81:45-57.

[42] HCAMPBELL J B. Introduction to Remote Sensing[M]. 3rd ed. London: Taylor&Francis,2002.

[43] EKSTRAND S P. Detection of moderrate damage on Noway Spruce using Landsat

TM and Digital Stand data [J]. IEEE Transaction on Geoscience and Remote Sensing,1990,28(4):685-692.

[44] GOUDIE A. The human impact on the natural environment[M]. 3rd ed. Cambridge, Massachesetts:The Mit Press,1990.

[45] HANSEN P M, SCHJOERRING J K. Reflectance measurement of canopy biomass and nitrogen status in wheat crops using normalized difference vegetation indices and partial least squares regression [J]. Remote Sensing of Environment,2003, 86:542-553.

[46] HUNG T. NGUYEN,BYUN-WOO L. Assessment of rice leaf growth and nitrogen status by hyperspectral canopy reflectance and partial least square regression [J]. Europ. J. Agronomy,2006,24:349-356.

[47] JACQUEMOUD S, USTIN S L, VERDEBOUT J, et al. Estimating leaf biochemistry using the PROSPECT leaf optical properties model [J]. Remote Sensing of Environment,1996,56:194- 202.

[48] KONG F H,LI X Z. Research advance in forest restoration on the burned blanks[J]. Journal of Forestry Research,2003,14(2) :180-184.

TM and Digital Stand data [J]. IEEE Transaction on Geoscience and Remote Sensing, 1996, 28(12): 683-692.

[3] COLLIER A. The human impact on the natural environment [M]. 3rd ed. Cambridge; Massachusetts: The MIT Press, 1980.

[4] HANSEN M, SCHJOERRING J K. Reflectance measurement of canopy biomass and nitrogen status in wheat crops using normalized difference vegetation indices and partial least squares regression [J]. Remote Sensing of Environment, 2003, 86: 542-553.

[5] ZHOU T, NGUYEN BUI VAN L. Assessment of rice leaf chlorophyll nitrogen status by hyperspectral canopy reflectance using partial least square regression [J]. Journal of Agronomy, 2006, 26: 703-713.

[6] JACQUEMOUD S, USTIN S L, VERDEBOUT J, et al. Estimating leaf biochemistry using the PROSPECT model of leaf optical properties model [J]. Remote Sensing of Environment, 1996, 56: 194-202.

[7] LIANG S L, LI X W, WANG J D. Advanced remote sensing terrestrial information science and applications [M]. London: Elsevier Academic Press, 2012: 432-456.